U0017463

堀川波的

大人穿搭提案

就是喜歡
有氣質的自己

堀川 波◎著
謝晴◎譯

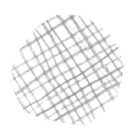

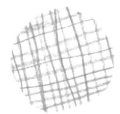

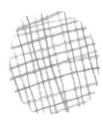

堀川波的大人穿搭提案

就是喜歡有氣質的自己

堀川 波◎著
謝晴◎譯

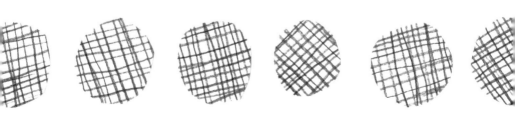

遠流

序

年過四十歲後，在某段期間我有些迷惘不知道該穿怎樣的衣服才好，原本穿的衣服似乎已經不太適合了，是不是應該買稍微中規中矩的衣服比較恰當？

現在回想起來，其實自己三十歲之後就慢慢變老，但我卻視若無睹，在邁入四十歲後，斑點、皺紋、暗沉、白髮、體型變化已非常明顯，不能再無視，或許讓我感到些許不安。

再加上，在打扮時無法忽視他人的目光。一旦年過四十，若過於追求流行，或是與年輕人化一樣的妝，看起來就會像是「還非常在意異性的目光」；可是如果打扮得太過低調，又會變成「已捨棄當個女人，是個可憐的歐巴桑」——兩者都不是的成熟大人打扮，已經不知道究竟該穿什麼了？

在這種情況下，其實只要一雙淺口跟鞋（pumps）便能搖身一變，成為大人的打扮。我原本覺得穿那種鞋腳會痛，而且性感又成熟不適合我，結果淺口跟鞋很合我的腳。我從成熟的設計樣式中找到可愛的鞋款，是我心目中理想的鞋款。

我之前都是穿勃肯鞋與芭蕾舞鞋，所以自然也都是挑選隨性與舒適的衣服來搭配，一旦換穿了淺口跟鞋，腳下的打扮變得較成熟，為了搭配鞋子，自然會換上雅致的洋裝與剪裁優美的褲子。之後打扮的選擇就變多了，以前不覺得可愛的豹紋或粉紅色的單品，現在也都能拿來作為裝扮的點綴，非常棒，就好像我的價值觀變廣了，當我去逛街時，也發現我喜歡的東西變多了。

而且我「成熟女性的裝扮」不是為了任何人，純粹只為了讓自己開心。

堀川 波

目錄

第三章

大人的新基本款服裝

第四章

大人衣櫃的基本原則就是簡單

第五章

利用玩心讓成熟打扮更增色

第六章 四十歲開始的衣櫃

第七章 從現在開始的大人打扮

第一章

之前所穿的衣服都不再合適

一直以來習慣穿的衣服，
有天突然覺得：「奇怪，這件衣服感覺不太對？」
便開始煩惱
「四十歲之後我的打扮風格」。

三十歲時，我總是穿寬鬆的衣服

我在三十幾歲時正是忙於育兒的時期，所以打扮完全就是方便帶孩子的穿著。基本上就是即使去公園弄得滿身髒，或追著孩子跑來跑去也沒問題的裝扮。

我腳穿的是平底鞋，身上是完全將肚子遮掩住的上衣，搭配寬鬆的褲子，再背斜背包，戴著寬簷帽。所選的材質多半是耐洗、無需熨燙的棉或麻等天然素材。

這就是媽媽帶孩子時的招牌打扮，這樣的裝扮是最輕鬆舒適的。

身材便越來越往橫向發展

因為地心引力
的緣故，只有
胸部下垂
手臂變粗
游泳圈？
肚子上的肉
多了一圈
膝蓋上
長肉

如果我能趁孩子讀小學的機會，脫離這種寬鬆舒服的打扮就好了，但因為那樣穿起來很舒服，且搭配也很輕鬆，不知不覺中就會做那樣的打扮，等到留意到時，才發現我的身材已變得豐腴。

我的肚子和腰部一帶都長出了贅肉，就像拿不下來的游泳圈。

但是這個游泳圈拿不下來，就無法愉快地享受裝扮。這個游泳圈能不能拿下來，就是會不會變成歐巴桑的分界點。

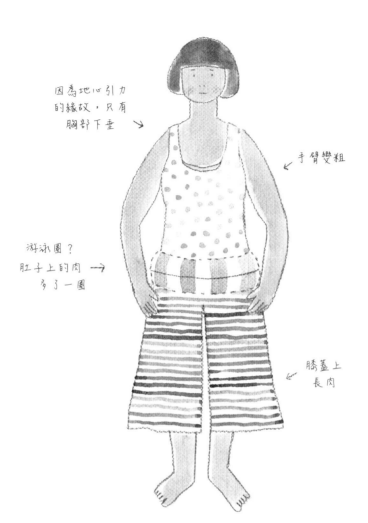

舒適、寬鬆、輕便

多半選
棉或麻等
天然材質
將很在意的
手臂、屁股
完全遮住
腹部一帶
穿得較寬鬆

造成發福的原因不單單只是穿著較舒適、寬鬆、輕便，女性在過了三十五歲後，會有賀爾蒙失調、代謝變差的情況，因此就容易發胖，這時也是「假性更年期」的症狀開始出現的時期，會感到憂鬱、情緒焦躁、失眠，再加上身材走樣，出現斑點、皺紋、鬆弛，毛髮明顯變少，因此女性在照鏡子時會覺得很不好受。

這種時候，夏天的單薄衣著無法遮掩走樣的身材，所以我會很希望冬天早點來，便能穿上冬衣。但等到冬天，看見鏡

三十多歲時是這樣的裝扮

亞麻＋花邊的
甜美風格
背斜背包
比較輕鬆
配上木底鞋
也很可愛
鞋子
基本上都是
穿平底鞋

子裡穿得鼓鼓膨膨、有歐巴桑體型的自己，便覺得很不好看，又開始盼望春天到來，能穿上清爽的春服。就這樣一整年都沒有自己想穿的衣服，打扮變成一點都不開心的事了。

不過，我因為厭煩那樣的自己，所以努力跨過那個時期，而且「假性更年期」一詞也救了我。理解到是賀爾蒙失調才造成身材走樣，我得以順利地轉換到下一個時期。我如果現在不努力的話，就不能變成美麗的四十歲、五十歲的女人！——就是這樣的想法支持我。

領子太高的T恤，穿起來很像歐巴桑

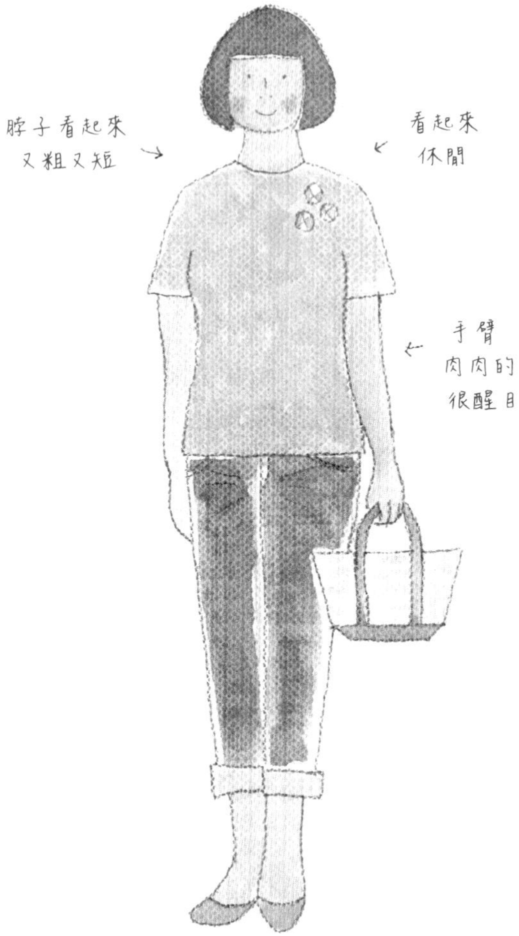
脖子看起來
又粗又短
看起來
休閒
手臂
肉肉的
很醒目

當我問身邊的朋友：「四十歲最不適合穿怎樣的衣服？」大家的回答都是：「領子太高的衣服」。

大家都有同樣的困擾，讓我不禁懷疑難道是女人年過四十後脖子就會變短嗎？我也有一件圓領的T恤，但我覺得就算只是去附近的便利商店買個東西，也不適合穿。

如果是穿襯衫的話，我會留上面兩、三顆釦子不要釦；如果是穿飛鼠袖的上衣，我會盡量選能露出鎖骨漂亮形狀的款式。我會從常買的品牌中找出

選擇能遮掩體型的衣著
看起來很俐落

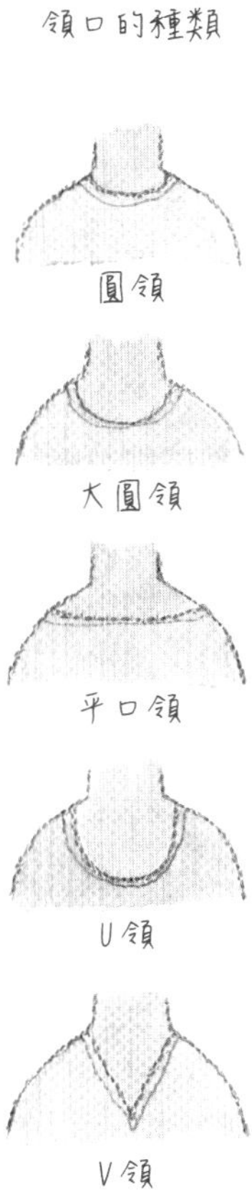
領口的種類
圓領
大圓領
平口領
U領
V領

露出鎖骨
有成熟韻味
飛鼠袖的上衣
會讓手臂
看起來比較細

適合自己的領口類型的上衣，只有幾公分的差別，給人的感覺便截然不同。

在我的朋友中也有這種「勇者」，她說：「因為看起來會顯老，所以不管冬天有多冷，我絕對不會穿高領毛衣」。

雖然我的身材一直都是肉肉的，但還是與年輕時不同，現在鎖骨周圍的肉會下垂，如果領口太大，看起來會顯得很窮酸，適度地露出胸口，感覺便不會太暴露，而是自然地展現出成熟大人的性感，這是最棒的了。

提高胸線位置，瞬間年輕五歲

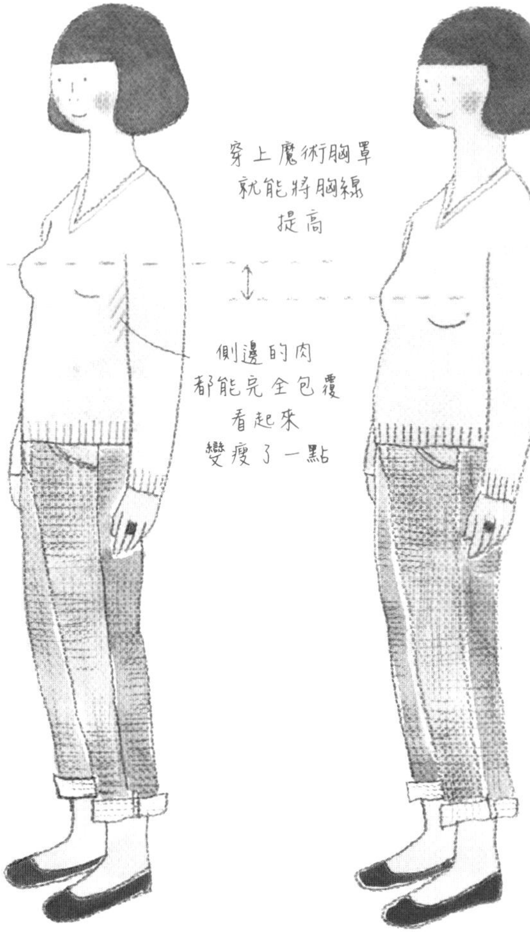
穿上魔術胸罩
就能將胸線
提高
側邊的肉
都能完全包覆
看起來
變瘦了一點

我曾有過很糟糕的經驗，有一次我穿了一件雜灰色的薄針織毛衣，因為只要穿那麼一件即可，很輕便舒服！而裡面我則穿了件附有罩杯的細肩帶上衣。

但是看到那天拍的照片後，我怎麼看都覺得自己的身材很怪，不只是看起來臃腫，還覺得哪裡不太對勁，但我實在看不出來到底是哪裡不對，於是我拿照片給與我年紀相仿的朋友看，朋友的一句話便解開了我所有的疑惑。

「妳該不會沒穿內衣吧？」

能修飾身材的內衣，讓圓潤的身形變得較俐落

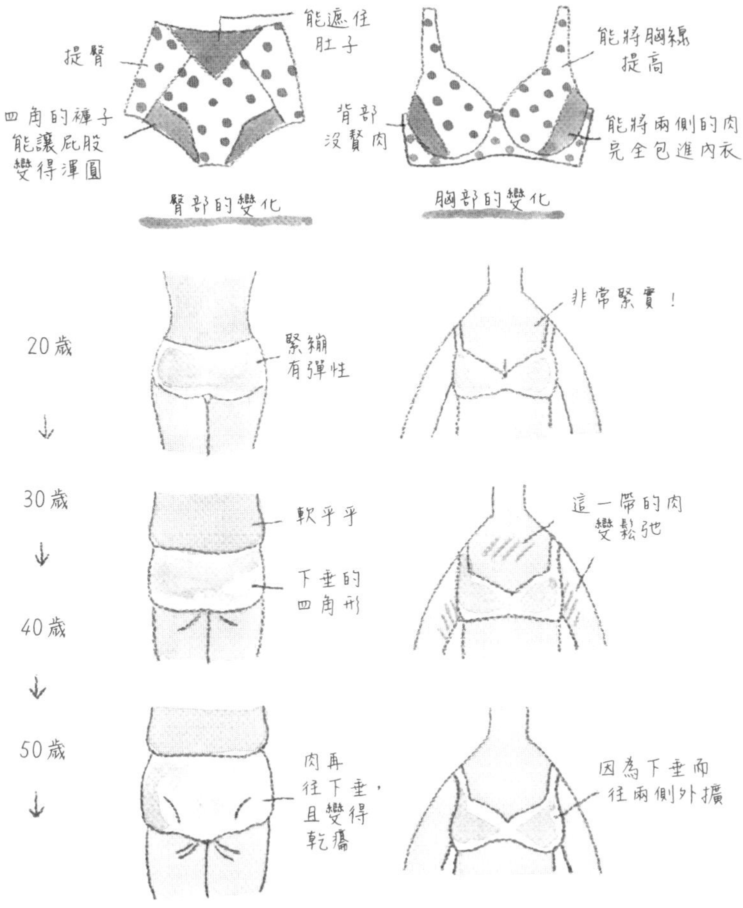

一語中的！沒錯，就是因為胸部不見了。那件單薄質料的灰色針織衫，讓我沒胸部，而且肚子圓滾滾的身材完全現形了。

胸部一旦往外擴，就會看起來又胖又顯老。

如果穿又軟又薄的衣服時，就要穿有鋼圈的內衣，將兩側的肉包覆進胸罩裡，將胸線提高，背脊也挺直的話，原本臃腫的身材看起來也會變得較俐落，這是我必須牢記在心的法則。

去買內衣吧！

我直到四十一歲，才第一次到百貨公司的內衣專櫃，去測量尺寸與試穿內衣。

店員帶我到試衣間裡後，拿捲尺幫我量胸圍，還用手摸一下我的胸部，然後說：「妳現在穿的內衣尺寸不對喔」，我一直認為自己的內衣尺寸是「75B」。

店員拿給我試穿的內衣竟然是「70D」！

我不禁脫口而出：「這麼大的罩杯不可能會合身」，但試穿後發現完全沒問題！不但胸線的位置提高了，連乳溝都出

現了。

我居然超過二十年都穿尺寸錯誤的內衣，而且還小了兩個尺碼。

不過店員對我說：「妳左邊的胸部比較大，我幫妳把水餃墊拿掉」，我竟然完全沒發現自己左右胸部不一樣大，這一點讓我更為驚訝。

店員跟我說：「妳不要再穿75B的內衣了」，聽她這麼說，我覺得自己好像是蛻變成功的蝴蝶。

幫失去光澤的自己添加光彩

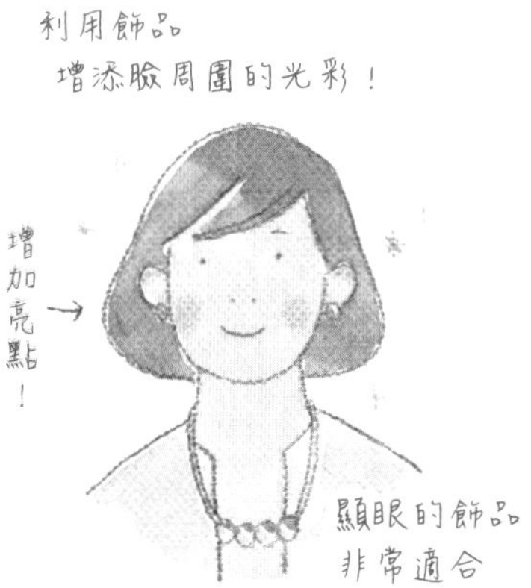
利用飾品
增添臉周圍的光彩！
增加亮點！
顯眼的飾品
非常適合

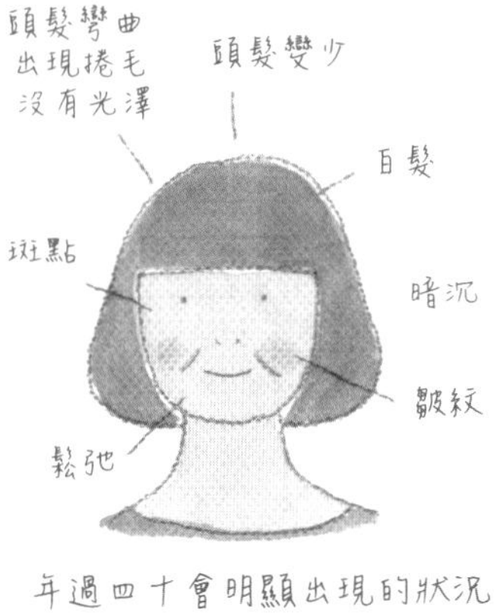
頭髮彎曲
出現捲毛
沒有光澤
頭髮變少
白髮
斑點
暗沉
皺紋
鬆弛
年過四十會明顯出現的狀況

利用有亮粉的粉底
將妳很在意的
老化變得不明顯
如果粉
擦太厚會有
反效果！
反倒會像
歐巴桑喔！

女人在年過四十歲後，不僅會發胖，還會出現變化的是皮膚與頭髮，會「失去光澤」。全身出現乾燥、失去光澤的狀態。

我每天都很努力保養，塗乳液、敷面膜、做治療等，但一直達不到預期的效果。我看到與我年紀相仿、漂亮的朋友，追根究柢地問：「妳做了什麼才能變得這麼漂亮？」

因為歲月是最公平的，每個人都會變老。

朋友回答我：「我可是非常努力！」對於乾燥的皮膚要呵

勤做身體保養，也能增加潤澤

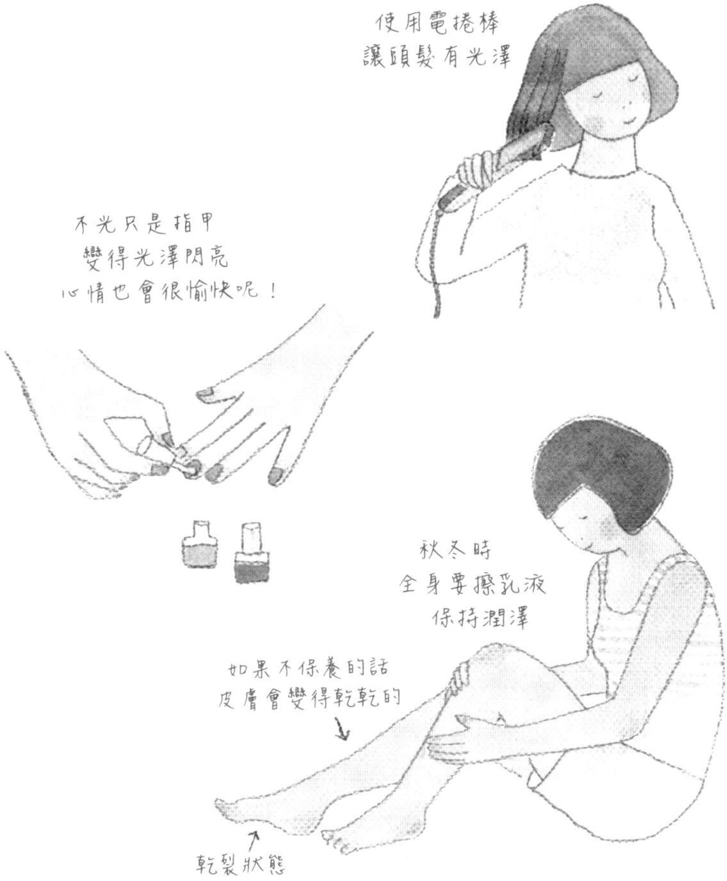
使用電捲棒
讓頭髮有光澤
不光只是指甲
變得光澤閃亮
心情也會很愉快呢！
秋冬時
全身要擦乳液
保持潤澤
如果不保養的話
皮膚會變得乾乾的
乾裂狀態

護備至地保養才行。

年紀越長，越適合材質具光澤感的衣服，以及寶石和黃金等飾品，能夠增加妳的潤澤與光彩。年輕時，皮膚和頭髮都很有光澤，所以不適合佩戴寶石，我現在非常了解這個道理了。

年紀增長後會追求閃亮的東西，那是一種本能，想要去追求自己所失去的光澤。

佩戴閃亮飾品也不奇怪，非常適合，這正是成熟大人的特權。

以全身鏡了解自己原本的樣子

不只是看自己的
正面，別忘了
側面也要看喔！

如果妳三個月沒有照鏡子，就會發現妳的面貌變了，也就是變老了。如果連自己都發現了，代表其他人也發現了。

我覺得為了變漂亮，照鏡子是很重要的。

我在家裡各處都擺放了鏡子，我在IKEA買了又小又薄的鏡子，像貼海報般貼在廁所和廚房的牆上，非常方便。

我會在出門前照一下全身鏡，確認自己全身的樣子：「年過四十後，似乎不適合這種花樣的衣服」、「露出兩條手臂好像不太恰當」、「好像應該確

在家裡各處都放上鏡子

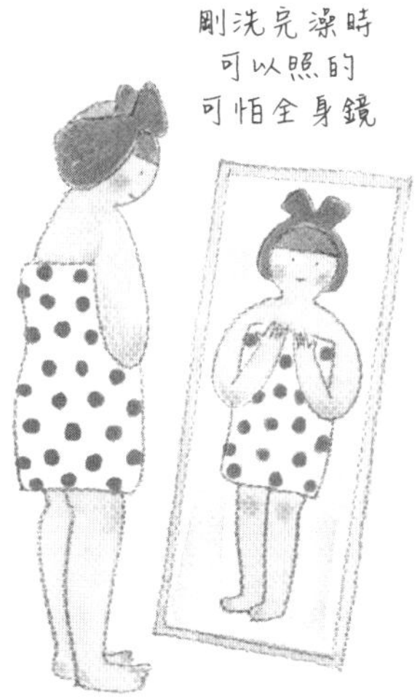
剛洗完澡時
可以照的
可怕全身鏡

一邊洗碗
一邊看自己
平常的模樣

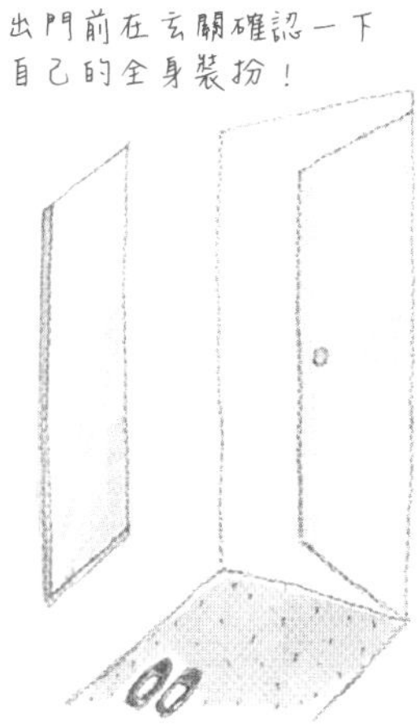
出門前在玄關確認一下
自己的全身裝扮！

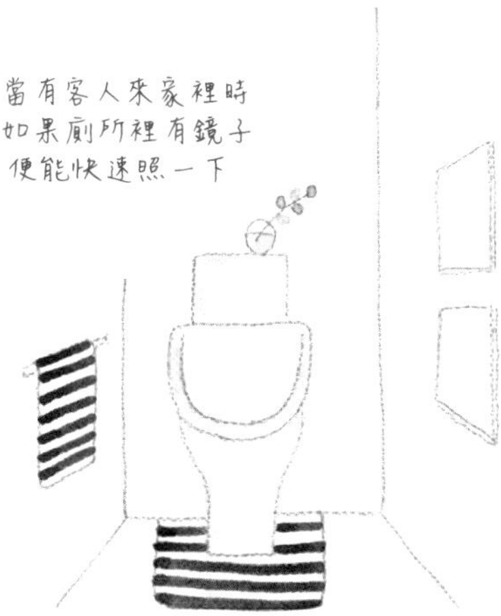
當有客人來家裡時
如果廁所裡有鏡子
便能快速照一下

實穿上內衣才對，不然太難看了！」等。

另外還有一件很重要的事：鏡子要掛在有自然光的地方。若是沒有窗戶的洗手檯上的鏡子，會讓妳無法看清楚臉上的斑點、皺紋、毛孔與白髮。因為與別人碰面時，對方會看到妳的模樣，如果妳不清楚自己的樣子，會很丟臉的。

話說回來，當洗好澡看到全身鏡照出的自己的身體（特別是側面），真的需要有很大的勇氣，才能夠面對這個殘酷的現實。

四十歲的打扮需要一點「隨興感」

四十歲時打扮必要的技巧是「隨興感」。如果穿得太過中規中矩，便顯得很歐巴桑：但如果穿太輕鬆，又會顯得沒氣質。這段時期，如果能做帶點玩心的打扮就很棒了。

我有位朋友穿黑色洋裝去參加女兒的開學典禮，被她的女兒說「好像是去參加葬禮」，雖然聽起來很好笑，卻是個很好的例子。妳是不是到了打扮時需要在某處做出隨興感的年紀了？

例如：穿黑色的洋裝時，只要將膚色褲襪改成彩色褲襪，整體印象就會完全不同。優雅×輕鬆、帥氣×柔美、基本款×流行元素等，結合兩種相反的元素，將兩者的分量加以調整，做出一強一弱的搭配，像這樣的大人混搭非常有趣。

在大家聊天的時候，懂得這種隨興感的人較受歡迎，也很吸引人。例如在長時間令人心驚膽跳的對話時，那個人溫柔地說了一句話便立即緩和了氣氛，雖然同是大人，但這種人也是我所嚮往的。前提是懂得打扮的人所做出的隨興感打扮，才是有魅力的。

我想要成為時尚的人，也想要成為能游刃有餘地駕馭並擁有做隨興感打扮技巧的人。

第二章

從寬鬆休閒的穿著
變成漂亮剪裁的輕鬆打扮

三十歲時我的穿著總是寬鬆、休閒的，
我訂定了六個計畫，
讓自己告別那種打扮。

利用鞋子讓妳變漂亮

將平底鞋換成高跟鞋

穿上芭蕾舞鞋，看起來很可愛，但也會感覺較休閒。
只要改穿有一點跟的鞋子，立刻會變得很有型。

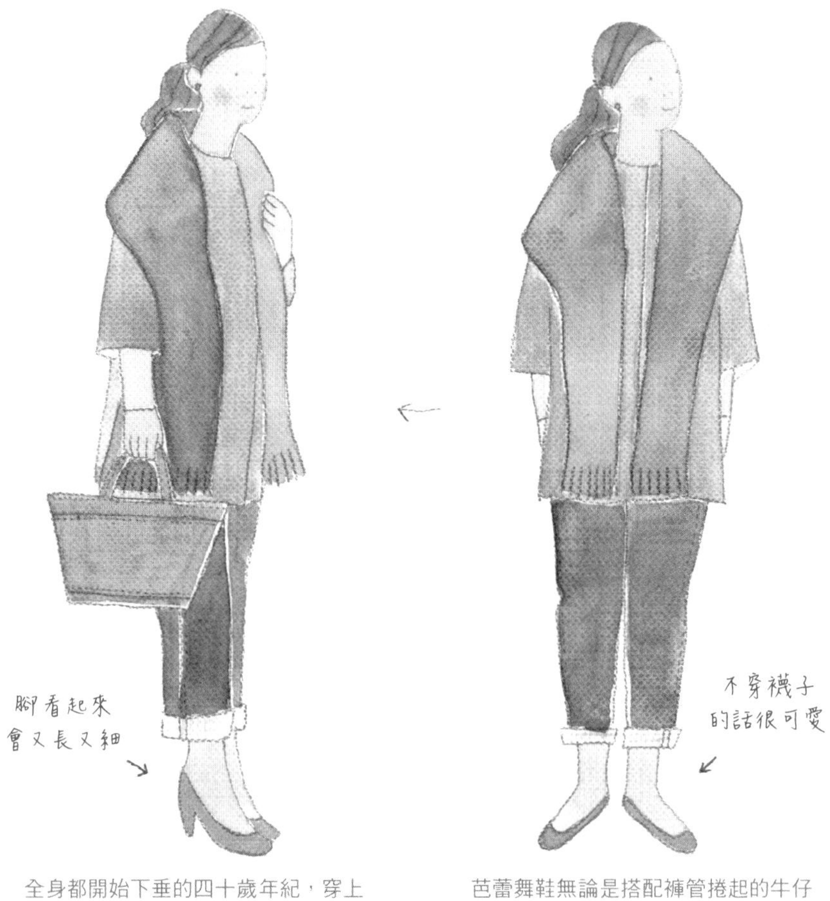
腳看起來
會又長又細
不穿襪子
的話很可愛

全身都開始下垂的四十歲年紀，穿上六公分的跟鞋，行走方便，又具美腿效果，讓整體風格看起來幹練、有自信。

芭蕾舞鞋無論是搭配褲管捲起的牛仔褲還是裙子，都很適合。走路方便又不易累，讓人愛不釋手，會忍不住想多買幾雙不同顏色的來搭配衣服。

將雪靴換成踝靴

雪靴厚厚胖胖的很可愛，最適合搭配輕鬆的裝扮。
但是如果做漂亮剪裁的打扮時，我就推薦具美腿效果，也很方便走路的踝靴。

無論搭配
裙子或長褲
都很合適
胖胖厚厚的
設計很可愛
但有點孩子氣

只要將鞋子換成踝靴，一身的打扮立刻變得成熟。無論是搭配一英里家居服（one mile wear），還是去餐廳吃午餐等都非常適合的款式。

雪靴穿起來溫暖又舒服，只要穿過一次就會愛上，但是整體搭配起來就會顯得比較輕鬆。

利用飾品讓妳變漂亮

飾品能讓臉部一帶顯得明亮，也會讓整體打扮具畫龍點睛的效果，是讓妳變漂亮的最佳利器。

增添流行感與亮點的飾品

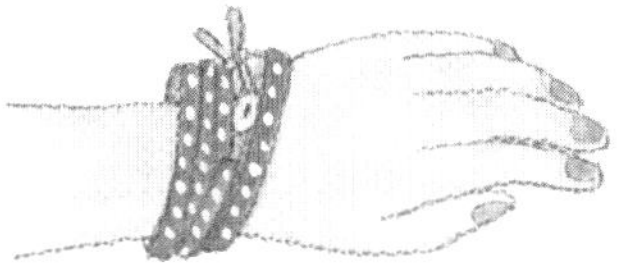

手鍊

手鍊多繞個幾圈戴在手上，具有顯瘦效果，用來搭配手錶也很適合。

長項鍊

只要配上一條長項鍊便能使平日的穿著大大加分，長度約從胸部下方至肚臍左右。

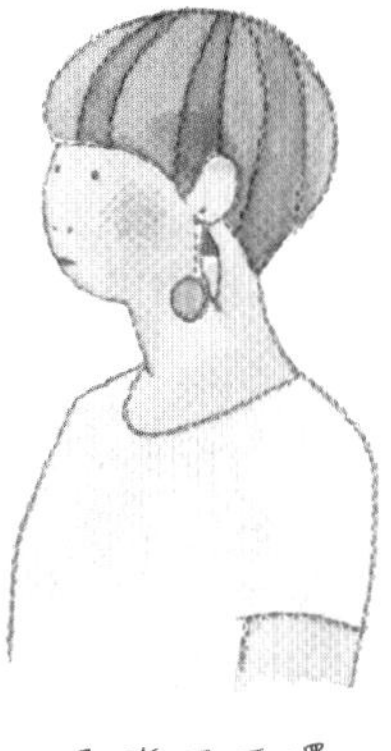

民族風耳環

具存在感的耳環，充滿玩心，能讓上衣更顯俐落，搭配出絕妙平衡。

有趣的別針

將別針別在胸前，能成為開啟對話的話題。多別幾個別針也很可愛。

能長期使用的優質、簡單飾品

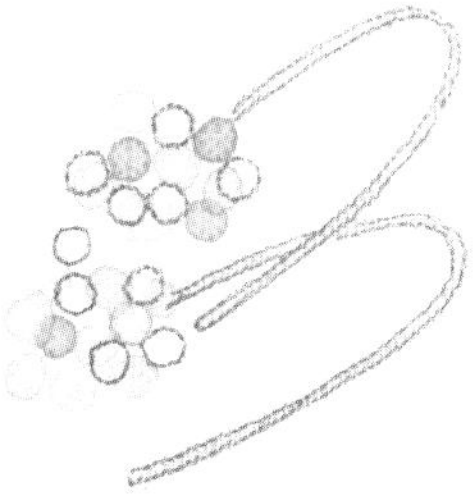

垂墜式耳環

即使是小小的垂墜式耳環也能營造出女人味，可以選擇漂亮的顏色來做對比色的搭配。

珍珠項鍊

顏色明亮的珍珠項鍊無論是雅致還是輕鬆打扮都很適合，以天然珍珠來做成熟大人的裝扮。

細項鍊

能與肌膚相襯的黃金與鑽石，像自己的一部分般閃閃發光，可以戴好幾條來搭配。

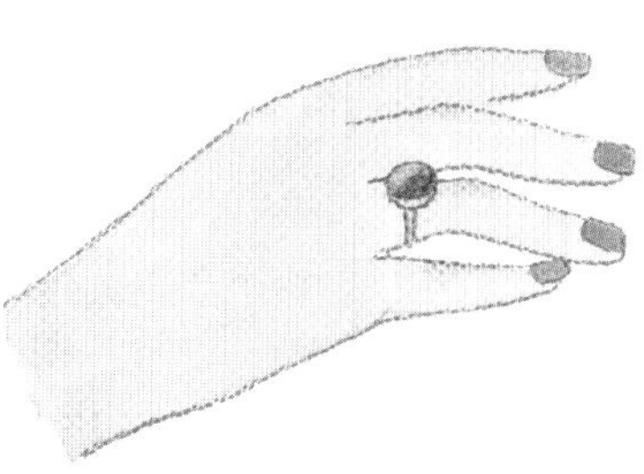

水晶戒指

只要戴著，便能讓平凡的每一天都具光彩，因為是天然石，即使較大顆也很適合。

利用合身剪裁的衣服
讓妳變漂亮

人在變胖後，如果穿較大尺寸的衣服，看起來反而會更胖。
總之，選擇剪裁合身的衣服才是穿搭要訣！

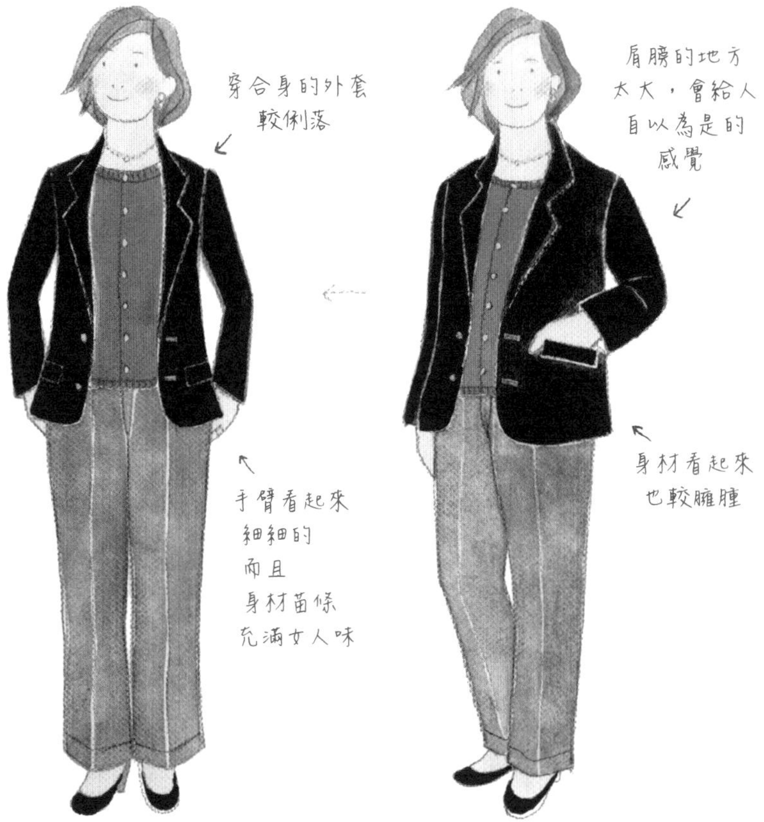
穿合身的外套
較俐落
手臂看起來
細細的
而且
身材苗條
充滿女人味
肩膀的地方
太大，會給人
自以為是的
感覺
身材看起來
也較臃腫

尺寸合身的外套

穿肩膀較窄的外套，給人清潔感，且有時尚感，身形線條也較漂亮。

寬大的外套

四十歲後如果穿寬大的外套，會給人威風凜凜的感覺，少了可愛感。

有地方寬鬆
也有地方合身
以「既寬鬆又合身型」
為目標

幾何圖案錐形褲

這款褲子搭配較寬鬆的罩衫，具顯瘦效果。露出腳踝，感覺身材更苗條。

短褲是可以帥氣
也可以可愛的款式！

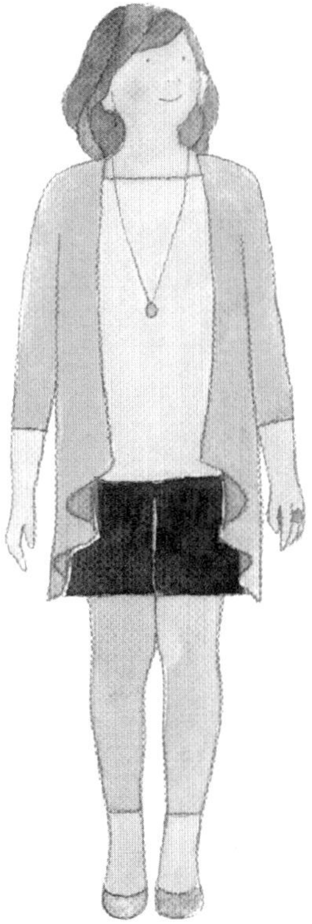

短 褲

短褲與長版外套的長度一致，讓身材線條統一，顯得俐落修長。

戴上手鍊
讓手腕看起來
比較細！

七分袖

寬鬆的洋裝不僅能遮掩住手臂和小腹，還能突顯胸前、手腕較細的部位，是具顯瘦效果的款式。

利用外套讓妳變漂亮

因為外套會將穿在裡面的衣服完全罩住，
所以要選擇耐看耐穿的基本款。

優質的羊毛與
顯瘦的剪裁
是成熟感的關鍵

要買一件
合身的風衣！

毛呢牛角扣外套

這款外套的肩膀一帶很合身，讓身材線條好看，無論搭配什麼都非常合適，是很好搭的款式。

風衣

這是無論幾歲都適合穿的基本款，只要穿上它，就會變身成熟美麗的大人。

無論天氣溫暖
還是寒冷冬天
裡面只要穿件薄上衣
輕鬆就能穿得時尚

羽絨外套

華麗毛領與合身剪裁的羽絨外套，穿起來具大人成熟風，是冬天裝扮不可或缺的款式。衣長從膝蓋到膝蓋上方，方便搭配。

針織外套
能完全遮住屁股
是春秋兩季
最常穿的款式

針織外套

針織外套柔軟、舒服、又有女人味，搭配牛仔褲，展現甜美帥氣風。請挑選一件又薄又保暖的優質款式。

柔和的
圓形線條
穿起來具女人味
又很可愛！

繭形大衣

具古典感的繭形大衣，能完全遮掩住體型缺點，而且是七分袖，所以手看起來很纖細，整體有苗條的效果。

利用圍巾讓妳變漂亮

圍巾一整年都有機會用到，冬天時防寒，夏天時在冷氣房裡可用，也可以防曬。不同的質料、顏色和圖案，能搭配出各種不同的風格，是非常好用的配件。

脖子一帶
捲上圍巾
具有小臉
效果喔！！

當妳選
有圖案的圍巾時
裡面就穿
素色的衣服
非常簡單
上半身穿得
較寬鬆
下半身就要
較俐落

層層纏繞

穿一件洋裝，再纏上圍巾，就非常有型，外出感大為提升。請活用對比色的搭配法。

斗蓬風

利用寬版圍巾將全身包起來，便成為保暖的外套。隨意別上的大別針成為裝扮的亮點。

將皮帶繫在
圍巾上，也可以
作為裝扮的亮點
↓

背心風

將圍巾垂在前方，變成長背心的感覺，就呈現出優雅、柔和的大人風。

寬版圍巾

如果臉部周圍有明亮的顏色，就能襯托肌膚，使膚質變好。手錶與鞋子選用鮮豔的色彩，更為時尚。

↑
以紅色
作為對比色
打扮顯得
較成熟

只是圍上
圍巾，外出感
就大幅提升
↓

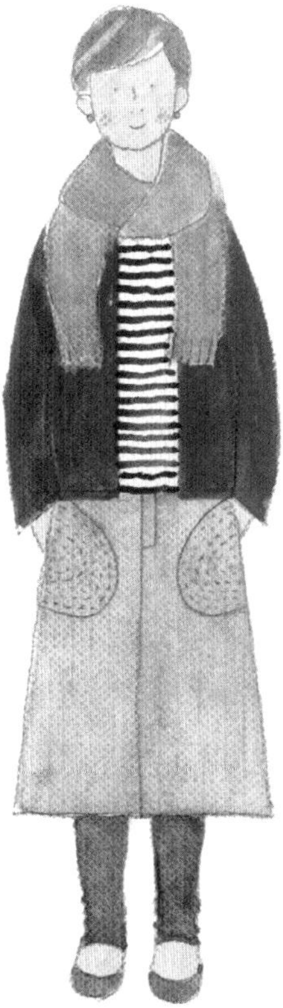

簡單繞一圈

隨性地將圍巾繞一圈，散發出很懂得使用圍巾的感覺。留長髮的人請務必將頭髮綁好，再圍上圍巾。

利用髮型讓妳變漂亮

年紀漸長後，頭髮出現的狀況有白髮、變捲、亂翹、變得沒光澤等，我們就來選一下能使妳年輕五歲的髮型吧。

營造出隨興感

微妙地改變捲翹的頭髮，做出某種程度的隨興與空氣感的捲度，使時尚感更為提升。

瀏海

積極地更換瀏海的樣式，可以多嘗試幾種，找出讓妳看起來顯得年輕的髮型。

頭頂的蓬鬆感

頭頂的頭髮壓扁的話，看起來會比實際年齡老，可以藉由剪髮或吹風機做出分量感。

無分線髮型

如果瀏海總是梳同一邊，會讓頭皮變得明顯，所以不要分線，選擇看不到髮根的自然髮型。

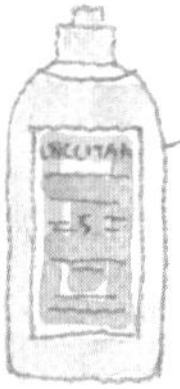

我用歐舒丹的
草本修護洗髮乳來洗髮
頭髮變得很滋潤！
我也很愛它的香味

將白髮染色

白髮是年過四十之後很大的煩惱，請盡量去美髮沙龍染髮，將對頭髮的傷害減到最低。

創造出光澤

使用電捲棒整髮，會讓頭髮有超乎預期的光澤，妳可以到美髮沙龍保養或護髮，請別忘了每天照顧妳的髮絲！

剪短髮

如果頭髮乾裂受損，就剪短些，當一個俐落帥氣的大人也很棒。

頭髮染成自然的咖啡色

如果是黑髮的話，很難有柔和與時尚感，妳可以藉由染髮，讓肌膚看起來細嫩漂亮。

列出「想要」的清單吧

我總是有很多想要的東西，物欲如浪潮般一波又一波，果然沒有止息的時候。我會將想要的東西畫在筆記本裡，並標上價錢，我有高價買不起而很想要的東西，也有馬上就需要的東西。

也有只是寫下來卻不能得到的東西，但光是很清楚「自己喜歡的東西」是什麼，便能整理自己的心情，會感到心情舒暢。

而且我發現在我寫下來的同時，無意中便打開了天線，當我走在路上或逛網頁時就會去搜尋我想要的東西的情報。

雖然我會有不知不覺中便買到的東西，但我希望必須是非要不可的東西才能買。

現在我想要的東西

○ erva口金包　○ duvetica kappa的羽絨外套　○ MARNI的靴子

○ 喀什米爾針織衫　○ fs/ny的芭蕾舞鞋　○ 風衣

○ diptyque的淡香水（玫瑰之水）　○ 極細的黃金戒指

○ CÉLINE的托特包

第三章

大人的新基本款服裝

從變漂亮後，基本款服裝也需要改變，
那些從以前就喜歡、用慣的東西，
只要改變一下顏色與剪裁，
便能立刻變成大人的穿著。

只要有以下這幾件即可！

新 12 種基本款穿著組合

符合自己體型與風格的基本款服裝，是每天穿搭組合的最強服裝。
這些都是大家都有的基本款服裝，以不同的搭配與穿法，
創造出屬於「自己的時尚」吧。

休閒西裝外套

V領毛衣

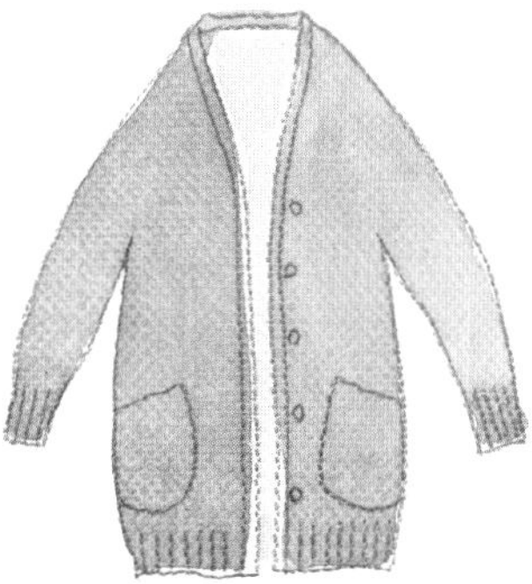
長版針織外套

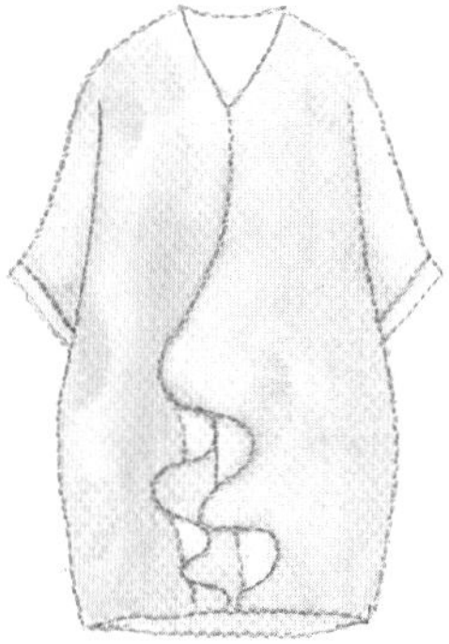
PARTY洋裝

風衣

罩衫（Blouse）

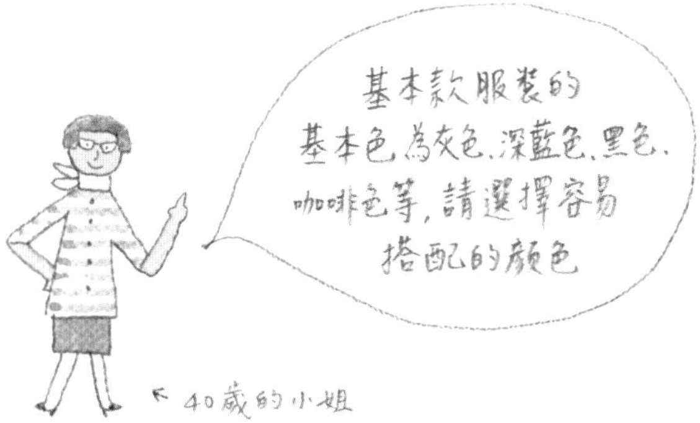
基本款服裝的
基本色為灰色、深藍色、黑色、
咖啡色等，請選擇容易
搭配的顏色
← 40歲的小姐

亞麻洋裝

條紋衫

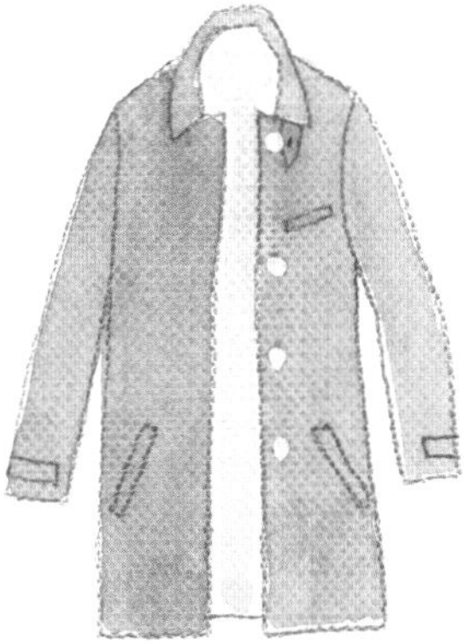
長大衣（Bal Collar Coat）

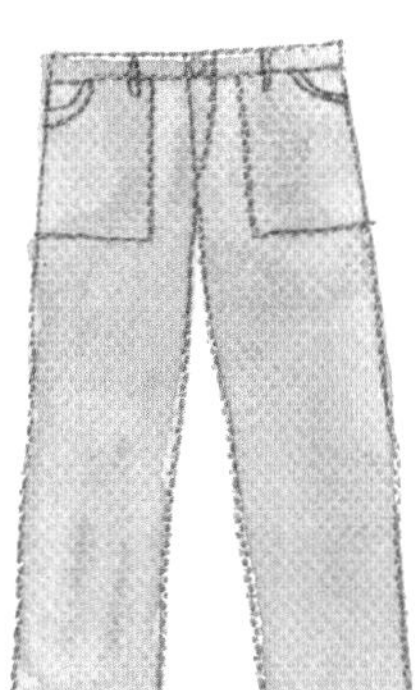
工作褲

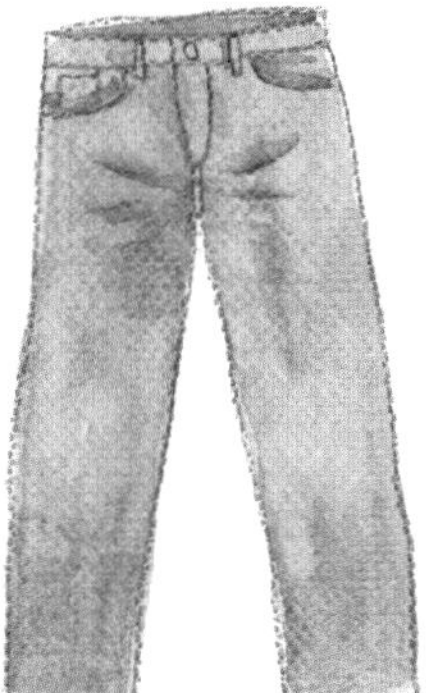
牛仔褲

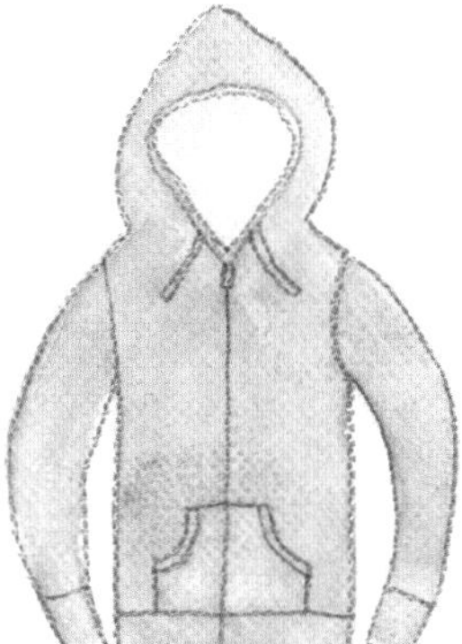
連帽外套

V領毛衣

挑選輕薄、合身的V領毛衣
不只是胸口，還有身材線條
看起來都俐落漂亮
無論搭配外套或洋裝都很適合

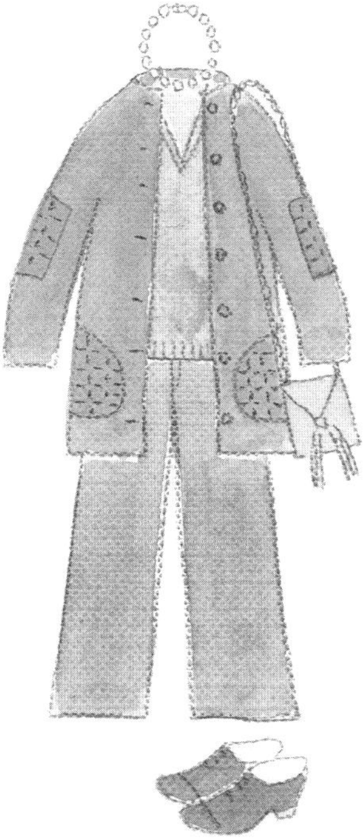

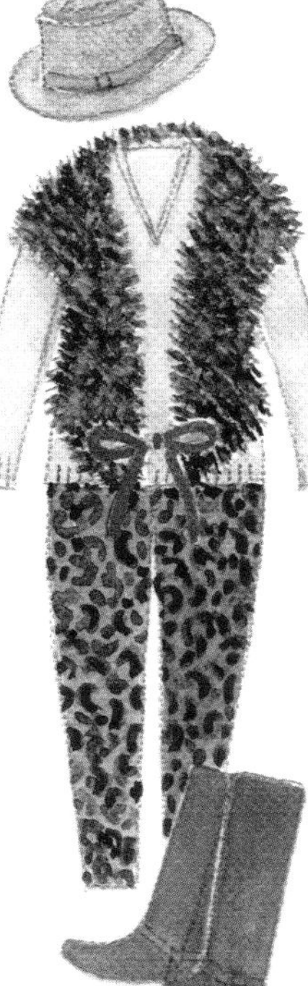

甜美×帥氣混搭

柔和的粉紅色外套，搭配男孩風的寬管褲子與綁帶牛津鞋。

優雅輕鬆

桃紅色的圍巾與平底鞋的顏色對比，做出鮮豔的搭配，其他顏色則選擇冷色系。

華麗帥氣

搭配上毛皮與豹紋長褲，變身成狂野風，整體顏色統一為冷色系，則很有氣質。

條紋衫

這是永遠的基本款
挑選領口較大的款式
我推薦黑白條紋
不會顯得太孩子氣

巴黎風

統合黑色、紅色、白色三種顏色，很有巴黎女子的玩色風格。

冬季海洋風

搭配五分袖短外套，做出冬季海洋風格，配上草編涼鞋，營造出輕鬆自在。

大人普普風

圖案×圖案帶有玩心、色彩鮮豔的普普風搭配，帶給身邊其他人歡樂、愉快的氣氛。

連帽外套

不分季節
一整年都很實穿的單品
能營造出年輕、輕鬆、活潑的感覺

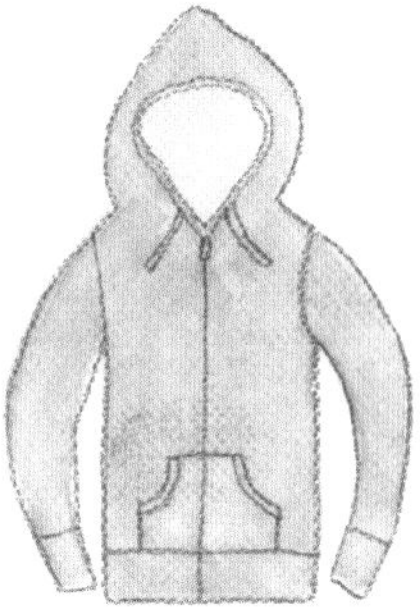

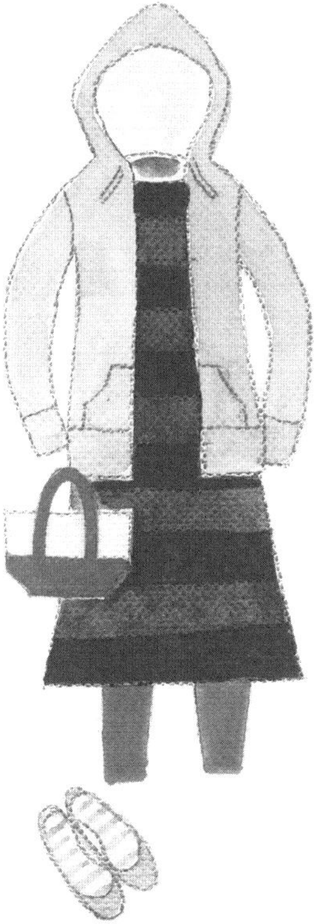

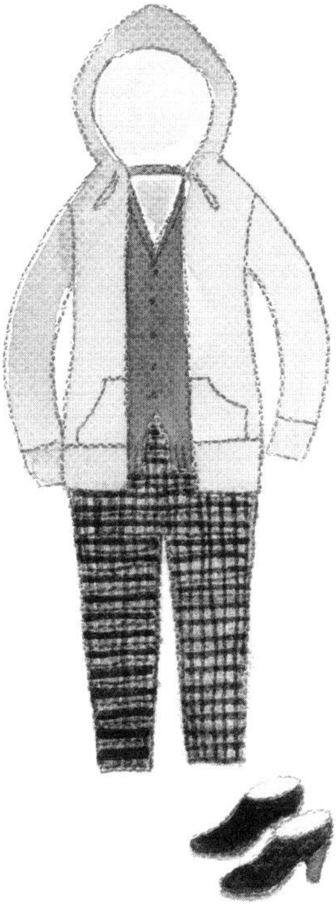

時尚的一英里家居服

輕便的洋裝搭配上連帽外套，便不會顯得太甜美，變身為休閒風。

優雅隨性風

中規中矩的優雅風，再加上連帽外套的話，雖然有點隨性，不過是大人的隨性風。

大人休閒風

這是去公園散步的裝扮，方便活動的連帽外套，搭配寬管褲，裡面穿的是襯衫，再配上像外套風格的披肩。

休閒西裝外套

年過四十後，如果穿較正式的單品
看起來會顯老和太威嚴
所以挑選柔軟材質的外套
較有成熟女性感

假日風

窄肩的外套配上寬鬆的裙子，兩者為絕妙搭配。

工作休閒

穿在裡面的直條紋襯衫給人清新、清爽的感覺，腰上再繫上一條皮帶，營造出俐落感。

大人的藍白紅

常見的單品散發出些許優雅與規矩感，這正是休閒西裝外套的魅力。

長版針織外套

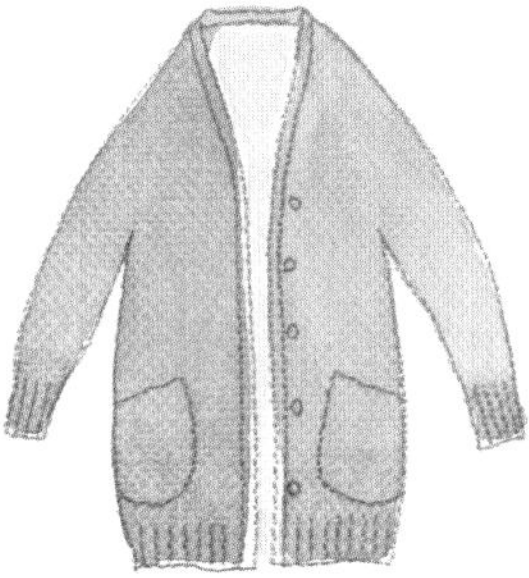

長版針織外套能遮掩住屁股的長度
是大人隨性打扮的基本款
與什麼顏色都能搭的灰色
非常好搭實用

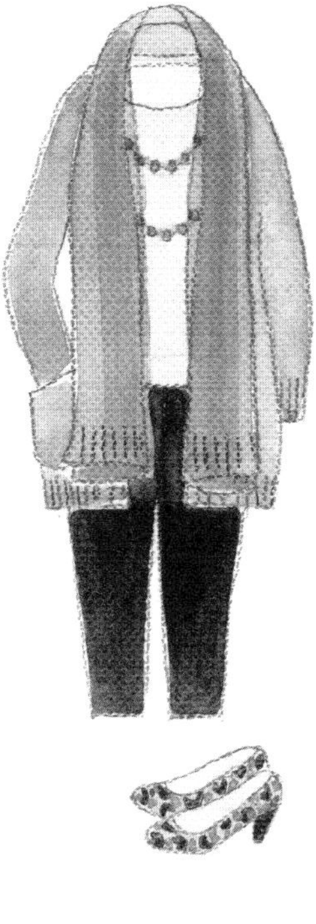

大人印花風

搭配前釦式的印花洋裝，變成具女性柔美的風格，然後不搭略顯正式的褲襪，而是選擇內搭褲。

大人帥氣休閒風

搭配上剪裁漂亮的黑色長褲，就變成大人基本休閒風格。直接披掛上圍巾，讓項鍊若隱若現。

日常裝扮

長版針織外套能當薄外套穿，搭配褲裙和圍巾，便是日常的裝扮。

罩衫

略寬鬆的剪裁具休閒感
是成熟又可愛的罩衫
夏季時只有單穿這一件
秋冬時可以與其他衣服做搭配

大人的新基本款服裝⑥

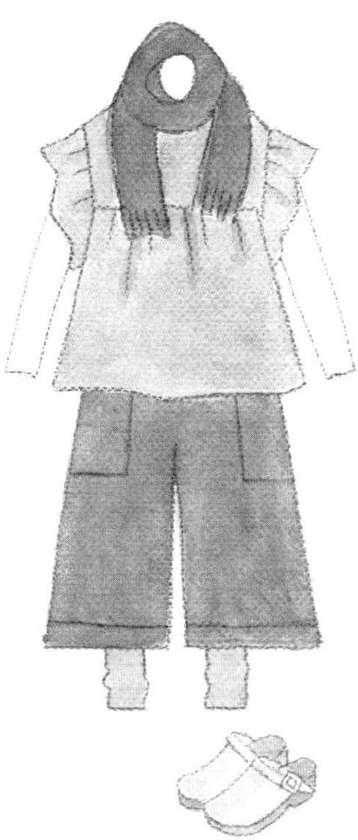

夏天外出風

配上牛仔褲、草帽和蕾絲領片等小物，罩衫即變成夏季的外出服風。

多層次穿搭

圍上圍巾，就是秋冬的穿著，罩衫是一整年都能穿的單品，非常好搭配。

小禮服風

搭配上剪裁漂亮的長褲和淺口跟鞋、長項鍊，罩衫立即變為可以上餐廳的裝扮。

長大衣

這款單品是正統的設計
所以即使年紀漸長也很適合
不只輕便，也可以當作夾克外套
是具有正式感的萬用外套

北歐風

斜背包包是重點，做隨性的打扮。裡面的黃色上衣隱約可見，是可愛的大人時尚。

正式風

配上喀什米爾針織毛衣和剪裁漂亮的長褲，是能當上班服的正式風格。

秋色穿搭

紫色洋裝搭上很適合的咖啡色絲襪，再配上淺口跟鞋，立刻就變身為秋色穿搭風。

亞麻洋裝

寬鬆的剪裁
是很方便做多層次穿搭的單品
只要改變一下搭配的小物
無論是平日或外出時都能穿

單色混搭風

整體都是以靛藍色為主的單色混搭風，表現出各種不同藍色的風貌。

民族風

搭配上捲起褲管的長褲，脖子上的紅色珊瑚項鍊是裝扮亮點。

成熟女孩風

搭配靴子和藤籃包的女孩風。為了不要有歐巴桑裝年輕的感覺，利用寬版圍巾營造出成熟感。

牛仔褲

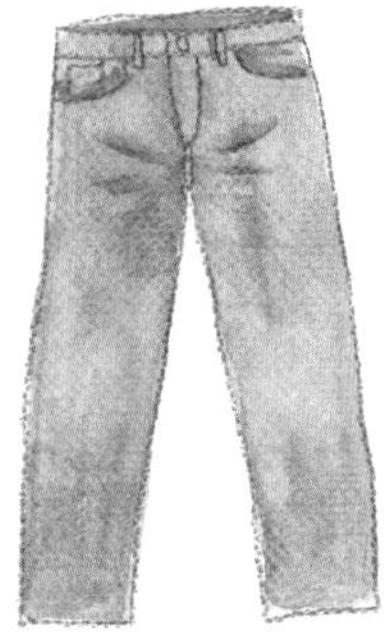

無論是現在還是以後
一定要擁有的單品
就像是每天都要用的日常生活用品

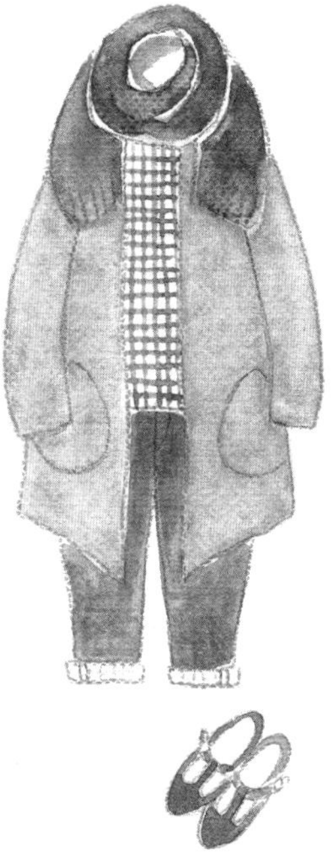

可愛的一英里家居服

牛仔褲搭配上芥末色的針織開襟外套，就是隨性的一英里家居服打扮。再搭配上圍巾，給人很擅長打扮的感覺。

大人正式風

開襟毛衣外套，是俐落簡單的裝扮，有種大人的可愛，再搭配較正式風格的包包與鞋子。

帥氣休閒風

很有女人味的V領長版毛衣，搭配工作靴與帽子，就是結合甜美與帥氣的打扮。再圍上毛皮圍巾，感覺較成熟。

工作褲

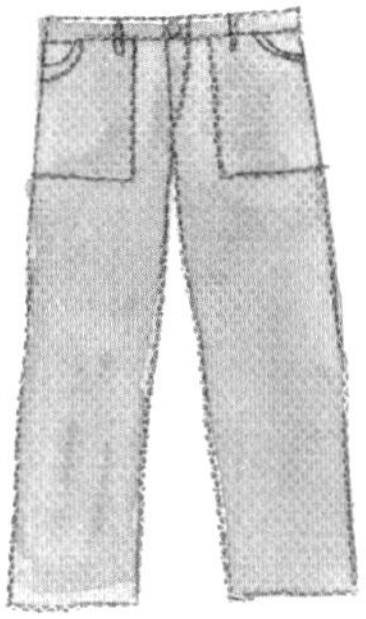

男孩風、耐穿、耐磨的獨特風格
布料為棉質，活動自如
即使當成工作服也很時尚
是很棒的單品

優雅風

五分袖的喀什米爾毛衣配上珍珠項鍊，看起來可愛又高雅，再搭上紅色芭蕾舞鞋，更顯華麗。

帥氣女人風

耐穿材質的工作褲搭配女性風的罩衫，為達到平衡的感覺，將褲管捲起，添加女人味。

規矩乾淨的搭配

隨性的工作褲搭配上中規中矩的夾克外套，即變身為帥氣成熟的裝扮。再配上顯眼的手環。

風衣

避免讓自己看起來像歐巴桑刑警
請務必選擇符合自己尺寸與長度的款式
如果買到一件合身的風衣
肯定是能穿很久的單品

優雅休閒風

搭配條紋上衣還有合身長褲，即變成優雅休閒風。斜背的小包包給人積極俐落的感覺。

成熟可愛風

只以黑色與米色兩個顏色做統合的雅致搭配，長度及膝的洋裝穿起來既成熟又可愛。

英國酷帥風

剪裁優美的格紋長褲搭配上珍珠項鍊和淺口跟鞋，這身帥氣裝扮也很適合去參加學校的家長會。

PARTY洋裝

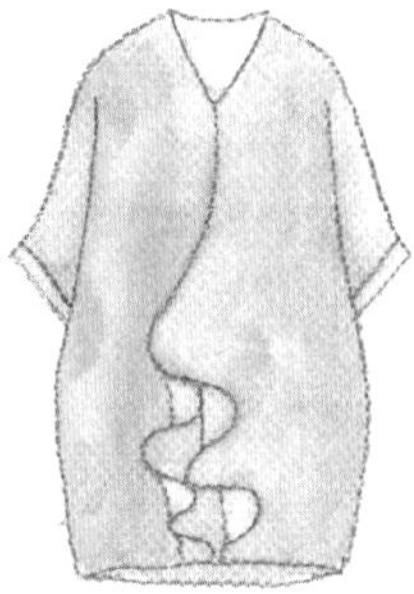

很有女人味的香檳金洋裝
胸前領口大小與裙襬波浪更顯優雅
腹部一帶剪裁較寬鬆，不過肩膀和袖子的
線條則較俐落，穿起來不會顯胖

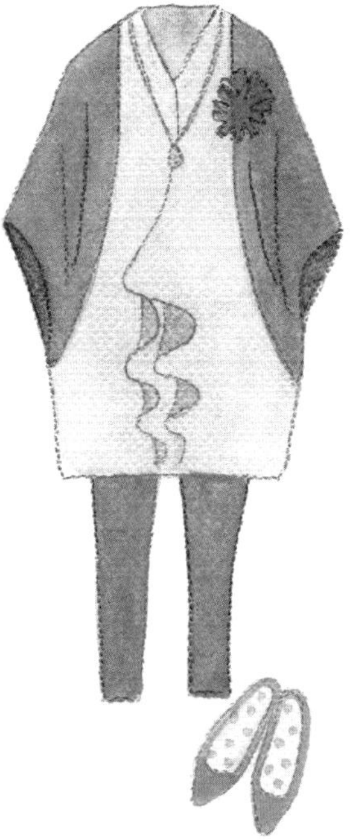

休閒外出服

搭配上飛鼠袖外套和內搭褲，即成為休閒外出服，此款洋裝除了參加PARTY外，只是外出一下也很適合。

優雅PARTY風

只是圍上毛皮脖圍，就會讓人眼睛一亮，給人華麗的感覺。去正式的場合最合適。

正式盛裝打扮

平價的三圈珍珠項鍊和手鍊，是具有玩心的PARTY風打扮。

變成大人後，請從「沒特色的打扮」畢業

我有張小學時期的照片，我穿著米奇的T恤，手拿米奇的包包，一身米老鼠的裝扮，我手比著YA拍照。當時的我覺得自己的打扮超棒，露出一臉得意的笑容。

到了高中時期，我穿格紋裙和大頭鞋，然後繫上在二手衣店找到的有米老鼠圖案的皮帶。我自以為找到一個很棒的單品！學校裡很會打扮的同學看到我的穿著後，只說了一句：「沒特色！」

換句話說，朋友讓我知道「我那樣的打扮不是時尚」，完全是一個喜歡米老鼠的女生繫了一條米老鼠的皮帶而已，一點都不時尚。而且「沒特色的打扮」就如同秋葉原的宅男戴著AKB48的帽子、背著背包等穿著一樣。完全不考慮自己的個性和原則所做出來的打扮，只要稍有差錯就會變得土氣。

我現在在挑選衣服時，也會不小心挑到「沒特色」的衣服，例如有瓢蟲圖案的洋裝等，我第一眼看到時覺得很可愛，而且喜歡得不得了，但這個時候我便會踩煞車，心中想起當時那位很會打扮朋友的話：「不行不行，這沒特色。」

第四章

大人衣櫃的基本原則就是簡單

時尚的基本，
在於立刻知道什麼東西放在哪裡的整齊衣櫃。
跟大家分享我的獨門整理術。

我的衣櫃

衣櫃塞得滿滿的，卻找不到衣服穿！

衣櫃裡明明有很多衣服，卻找不到衣服穿，妳是不是每天早上都在想要穿什麼好，或許是因為很多衣服都無法搭配。妳的衣櫃裡是不是有好幾件一樣的條紋上衣，同樣款式的褲子是不是有很多條？

衣服明明很多，最後不知不覺中卻拿某件上衣配某件內搭衣和某件褲子，是已經穿過許多次的組合，全身的打扮都是固定的搭配。

那件可愛的針織衫明明當初買的時候覺得很好搭、似乎什麼都能搭！因為找不到能搭配的褲裙，所以那件罩衫一直沒有穿出去的機會……。

買了許多衣服，卻沒有能穿的衣服，或許是因為沒做好衣服的搭配。

衣架都同款式的話，
比較好整理。
IKEA的
多功能掛架
依季節不同
替換衣服，
將穿不到的衣服
收進壁櫃裡
折疊的
帽子
圍巾
利用門來做
牆面收納
針織衫
上衣
褲子
褲襪
無印良品的
收納箱
鞋子
收在箱子裡，可以
因應不同季節來替換
如果把衣物
收進看不到的地方
就會忘記穿。
放在一目瞭然的地方
便能充分掌握

來做全身搭配吧

根據不同季節和離家的距離，來做全身的衣服搭配，就能立刻知道哪些衣服不需要。找出不需要的衣服後，請狠下心來立刻從衣櫃裡拿出來吧。

原本塞滿滿的衣櫃立即變得清爽，衣櫃能一目瞭然的話，每天挑選衣服時，就能順利又愉快。

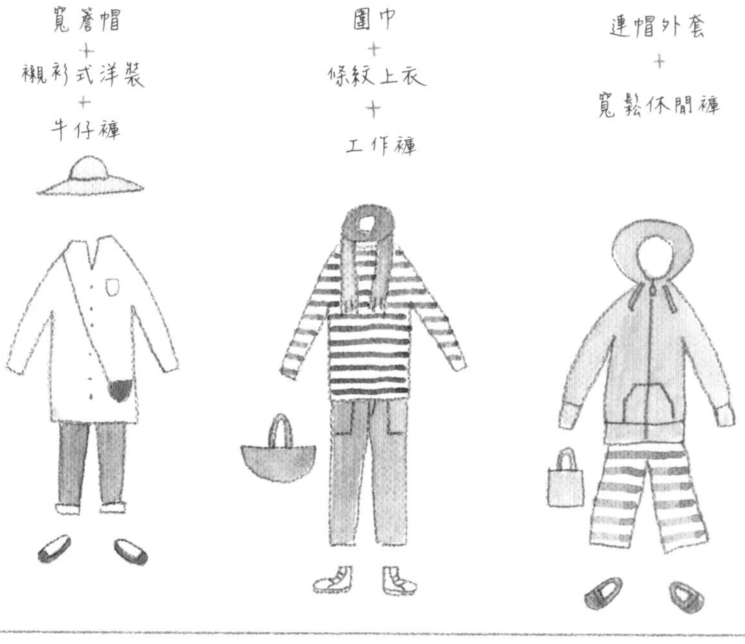

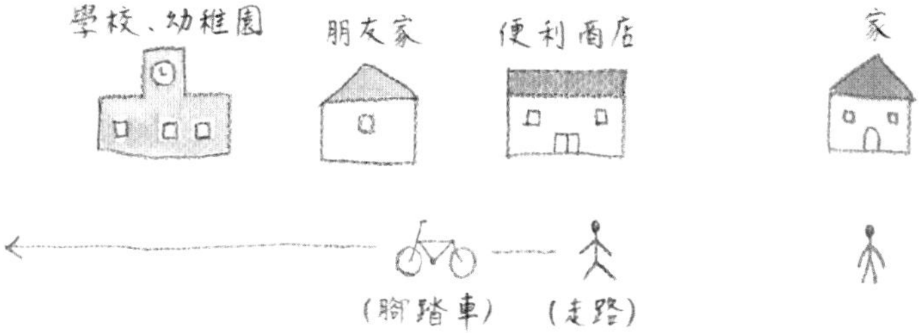

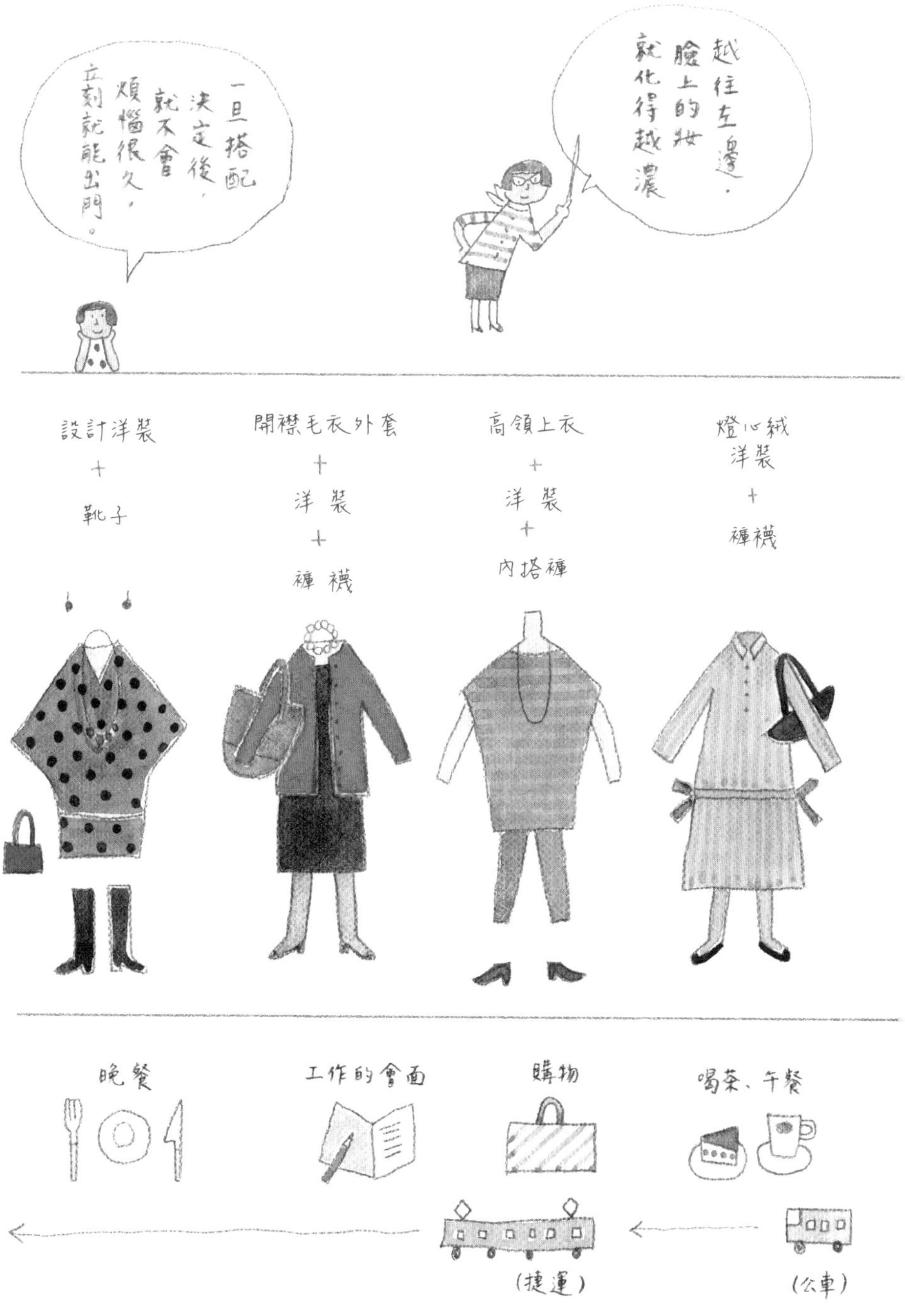
越往左邊，臉上的妝就化得越濃
一旦搭配決定後，就不會煩惱很久，立刻就能出門。
設計洋裝 + 靴子
開襟毛衣外套 + 洋裝 + 褲襪
高領上衣 + 洋裝 + 內搭褲
燈心絨洋裝 + 褲襪
晚餐
工作的會面
購物
喝茶、午餐
(捷運)
(公車)

將穿不到的衣服處理掉

為了得到小小的愉悅，將已經沒穿的衣服處理掉

留著沒穿的衣服，只是讓原本狹小的房子變得更擁擠，所以將已經三年沒穿的衣服，和不能搭配的衣服都處理掉。

看起來還很新的衣服↓送給想要的人；沒辦法送人但仍能穿的衣服↓就當作居家服或睡衣；已經舊了、髒了的衣服↓拿來當抹布，不然就毅然絕然地丟掉吧。

能放得進衣櫃裡的就是妳擁有衣服的基準，放不進衣櫃裡的衣服便不該留，已經三年沒穿的衣服就處理掉吧。三十、四十歲是妳生活型態與體型會有很大改變的時期，三年的變化其實出乎意料地大。

每一季如果能買新衣服，即使只買一件，該有多愉快。穿新衣服時心情多麼雀躍，對我而言，處分掉舊衣就是替衣櫃裡清出一個愉快的小空間，這是很必要的事。衣服汰舊換新的作業，對裝扮來說是不可或缺的重要事項。

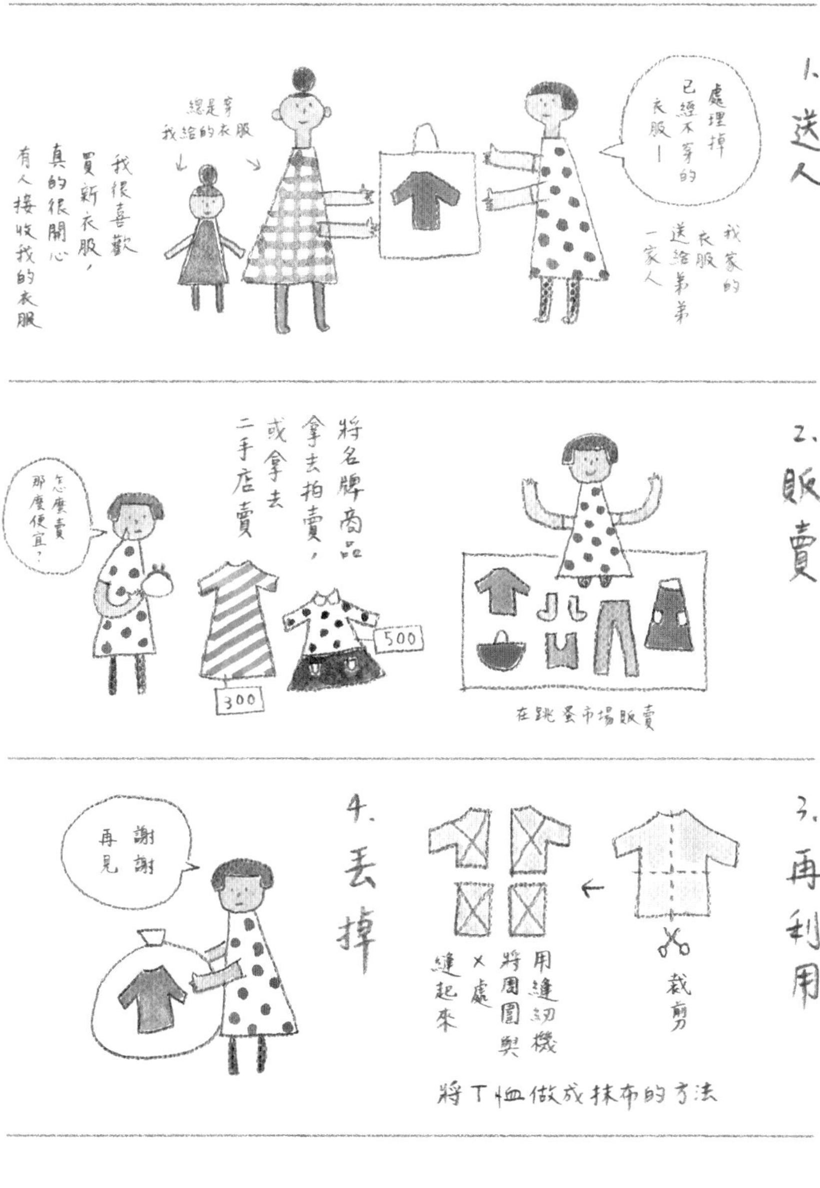
1. 送人
處理掉已經不穿的衣服！
我家的衣服送給弟弟一家人
總是穿我給的衣服
我很喜歡買新衣服，真的很開心有人接收我的衣服
2. 販賣
將名牌商品拿去拍賣，或拿去二手店賣
怎麼賣那麼便宜？
500
300
在跳蚤市場販賣
3. 再利用
裁剪
用縫紉機將周圍與×處縫起來
將T恤做成抹布的方法
4. 丟掉
謝謝再見

四個步驟讓衣櫃變整齊

一邊整理衣櫃一邊整理自己的心情

年輕的時候我會一個人去旅行，好好整理自己的心情，而現年四十一歲的我則一邊整理衣櫃和打掃家裡，一邊整理心情。

對我來說整理自己的心情，就是仔細地一個一個確認「自己現在的想法」。

如此重要的確認工作，一邊整理衣櫃一邊做最適合了。

一面整理衣櫃，一面在腦中反覆問自己以下四個問題：

- 現在自己擁有多少東西？
- 什麼東西要、什麼東西不要？
- 哪裡有什麼？
- 接下來需要什麼？

01 現在自己擁有多少東西？

首先，把衣櫃清空，妳會大感意外，原來衣櫃裡頭藏了那麼多東西。請狠下心，把衣櫃裡的衣物全部都拿出來。妳肯定很驚訝，裡面的東西多到想到要放回去也嫌麻煩。

請妳一樣一樣地整理，分成這一年內穿過與沒穿過兩類。很常穿的衣服便收進衣櫃裡，很少穿到的衣服則挑出來。

如此一來，衣櫃裡就只會有常穿到的衣服了。

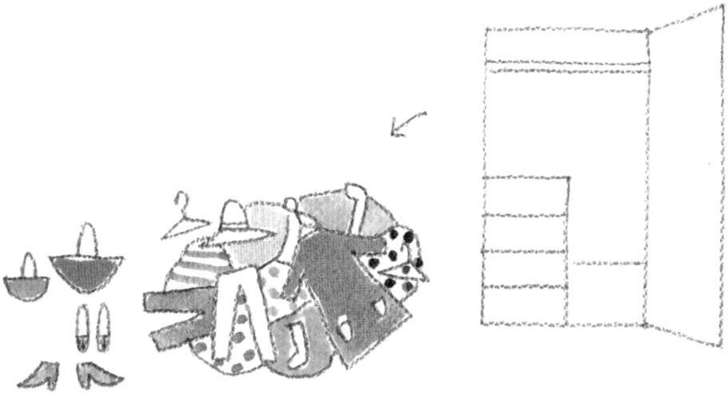

（請自問自答）

妳是不是就像塞滿東西的衣櫃一樣，承擔太多，已超過了自己的負荷呢？妳是不是一直擔負著不需要的東西呢？

如果心裡太混亂，很容易造成日常生活的拖延，妳會發現只要認真整理和打掃的話，就能看清自己的內心。

02

什麼東西要、什麼東西不要？

當妳重新掌握衣櫃裡的情況，是不是發現到為什麼有那麼多雷同的衣服？而且妳多半因此知道自己的喜好。妳可以找出自己真正需要的東西，妳會明白什麼是自己的基本款衣服，以及什麼是不需要的衣服。

在01裡挑出來、最近都沒穿的衣服，等瘦了之後可以穿等理由而不將衣服丟掉，這樣是不行的，等到妳瘦了之後，再買新的衣服還比較棒呢。

重要的是現在會不會穿。

○
✕
只將必要的東西放回衣櫃裡

請自問自答

明白什麼是不需要的東西，這一點對自己而言是很重要的事，只要留下喜歡的東西和必要的東西即可。

如果這樣的對象是人的話，妳對於這個不可或缺、最重要的人便會充滿感謝之情。

如果這樣的對象不是人，而是夢想或工作的話，心情就會變成：發現自己能做的事不算太多，因此對於現在自己能做的事便會更努力！最重要的人或事情不多也沒關係，還是會湧現更多勇氣。

03
哪裡有什麼？

如果東西放在看不到的地方，就不會用到，但有些東西收在看不見的地方反而是很重要的珍藏。

那就是在特殊日子才會穿的衣服與一見鍾情買下的衣服等，一直收藏得好好的、具有特別回憶的衣服。像這些珍愛的衣服偶爾要從衣櫃裡拿出來吹吹風，要記得常保養。

這些衣服雖然不是實穿型的，但只是收在衣櫃裡就會讓人覺得幸福，是很重要的寶物。

將充滿回憶的洋裝拿出來吹風曬太陽
這是結婚PARTY上穿的！♥

請自問自答

擁有重要的東西，會讓自己變得堅強與有自信。

有時想起遠方的家人和朋友，確認重要的寶物後，就好像自己的中心放入一根不可動搖的芯，產生了溫柔又堅強的力量，於是心中沒來由地湧現「還能繼續努力下去」這種自信。

04

接下來需要什麼？

掌握自己擁有什麼，就明白知道缺少什麼，腦中自然會具體浮現想要穿的衣服有哪些。即使有想要的衣服，也能從衣櫃裡找到替代品，反而就不會買太多無謂的東西。

而且妳看著自己的衣櫃，腦中肯定會浮現數年後的自己想穿的衣服。我現在的打扮幾乎是千篇一律的多層次穿搭，所以我以後想多穿些色彩鮮豔的洋裝和罩衫。

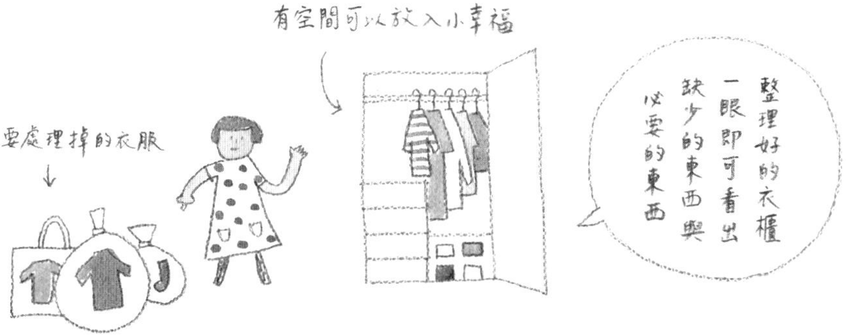
有空間可以放入小幸福
要處理掉的衣服
整理好的衣櫃一眼即可看出缺少的東西與必要的東西

（請自問自答）

以後自己可以做那件事嗎？或是自己想學什麼？妳多半可以掌握現在的自己缺少了什麼。

我發現當想像以後的自己時，太靠近自己是不行的，妳要從稍遠的距離，客觀地看自己才有辦法做到。

第五章

利用玩心
讓成熟打扮更增色

動物紋與鮮豔色彩是成熟時尚的重要伙伴。
增加亮點替妳的打扮增色，
會讓妳平日的穿著看起來更不同。

亮點①

閃亮單品營造出華麗的成熟可愛風

輕鬆的打扮只要加上一件閃亮的單品，便搖身一變成為華麗風格，優雅地表現出大人的玩心。

用蜜粉讓肌膚
變得透亮

輕輕刷上蜜粉後，完成優雅大人的光滑肌膚。

黑色服裝配上
金色的小飾品
營造出大人的雅致風！

閃亮的垂墜式耳環
營造出十足的女人味

打扮較輕鬆時，會想增添有女人味的單品。

簡單打扮大膽地配上誇張的長項鍊，華麗感頓時提升。

金蔥絲襪
能顯瘦！

有閃亮金蔥線的美麗透膚絲襪，穿起來有種華麗風，可以選擇較好搭配衣服的灰色與黑色絲襪。

金色托特包

這款金屬風的金色包包當作裝扮的強調重點，無論是流行打扮或平日打扮都很適合，只要帶這個包包即可，非常方便！

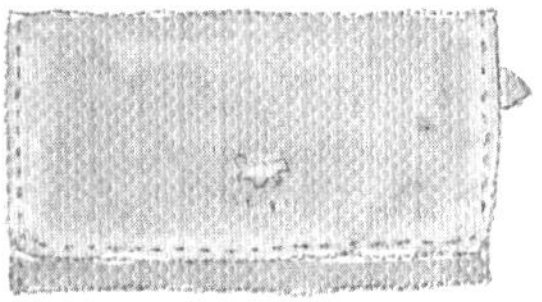

金色錢包

使用以柔軟皮革做成、品質佳的錢包，能提升金錢運。

附有寶石的
便鞋

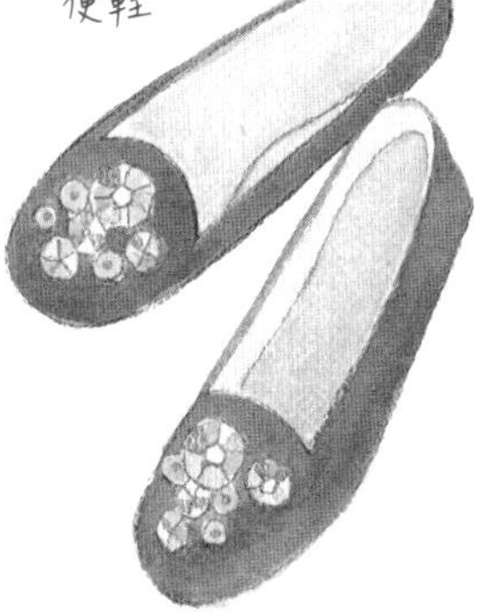

鞋面上鑲有珍珠和寶石，每走一步就閃閃發亮！即使不是高跟鞋，穿起來依然很華麗。

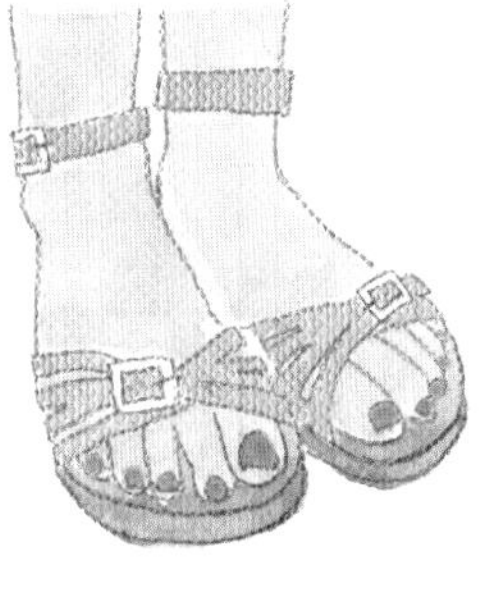

最適合夏天穿的
金色涼鞋

想要成為聚集了太陽光的閃亮成熟女子！

以閃亮單品
隨性地做出輕鬆裝扮

隨著年紀增長，自己漸漸失去了光澤，所以更能感受到閃亮單品的魅力。

當我們十多歲、二十多歲時會覺得金色是屬於歐巴桑的顏色，但現在我們已經是適合金色的年紀了。

年輕時不適合的垂墜式大耳環與長項鍊、閃亮的眼妝，現在這個年紀都已經適合了，很令人開心。臉部一帶閃亮的話，心情也會變得開朗。不過注意不要戴太多！打扮太過年輕會變成讓人不忍卒睹的熟女喔。

為了替平日的輕鬆打扮加入具有季節感的閃亮飾品，我都是去H&M、Forever 21等平價服飾店採購，挑選種類多、價格又便宜的商品讓人非常愉快，心情上好像重回少女時代般。

流行飾品只能戴個一季也無所謂，能夠具

垂墜式大耳環

即便佩帶閃亮的飾品也不會顯得俗氣，這就是大人的特權。選擇設計簡單的飾品會更添優雅氣質。

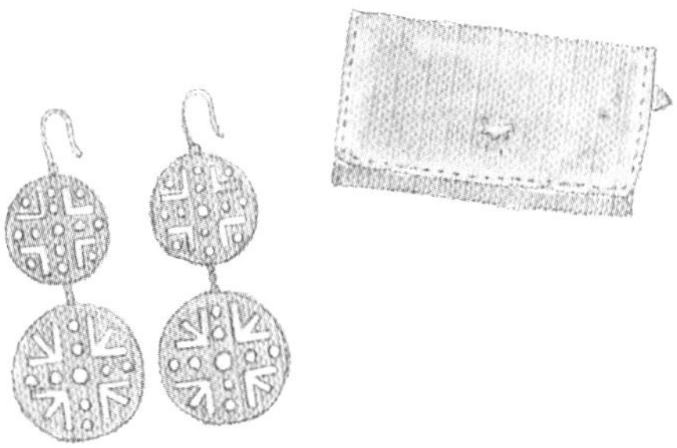

有流行魅力就很令人開心（並沒有特別想要吸引誰）。

銀色或金色的包包和芭蕾舞鞋，不需盛裝打扮，平時的休閒打扮就能搭配，是營造大人可愛風的重要單品。當妳做牛仔褲和襯衫俐落的打扮時，最適合當成加分的亮點，可以讓平日的裝扮更加分。

雖然真正的黃金和寶石價錢稍高，但可以戴個十幾二十年，如果可以的話買來戴也很不錯。也可以當作是獎勵自己的禮物，理想的狀況是一年買一個，不過考量到現實的情況，還是以五年買一個、十年買一個的頻率比較好。

銀色或金色的包包

閃亮的包包意外地與什麼衣服都能搭配，穿冷色系的衣服就搭銀色包包，穿暖色系的衣服就搭金色包包，非常好搭配。

亮點②

小面積的動物紋製造酷帥感

動物紋的衣物搭配需要一點勇氣，但它是提高時尚感很棒的單品。只要在裝扮中加入面積小的配件，即能達到很好的平衡。

手提包

可以挑選小尺寸或古典款的手提包，不會太過花俏，是很棒的亮點。

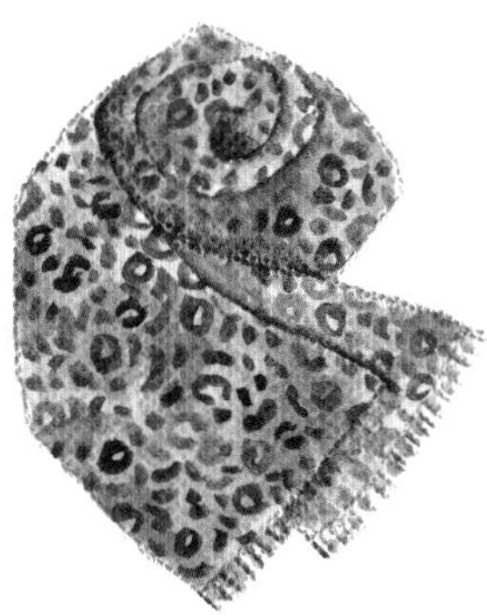

圍巾

這是最容易搭配的單品。我最推薦米色系的，薄圍巾和厚圍巾都有的話，一整季都能用。

包頭厚底拖鞋

木頭有溫暖的感覺，做自然系的打扮時也很適合。

讓手套也成為大人時尚打扮的亮點！從外套的袖口處若隱若現地看到它。

手套

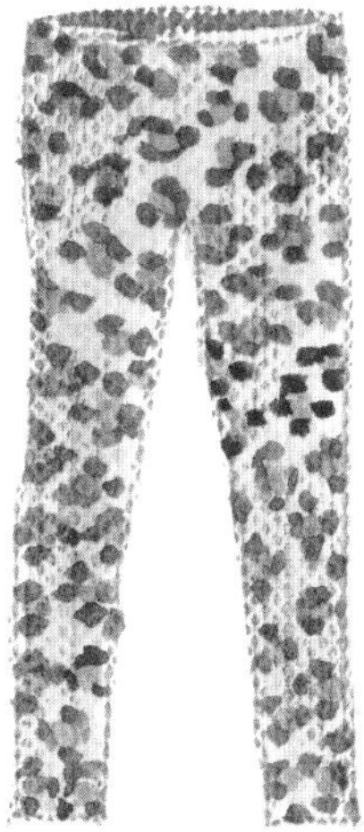

內搭褲

從長裙下可以看到露出一點的內搭褲，是最棒的搭配了。

平底鞋

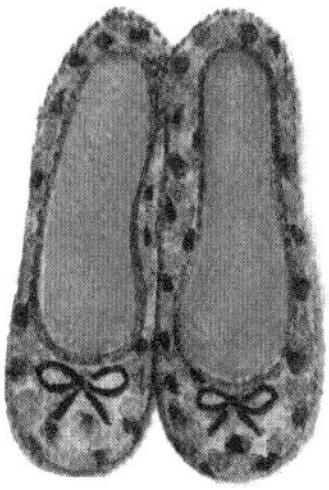

這是很少女風的單品，不過只要選有動物紋的平底鞋，立刻變得成熟。

做簡單打扮時，只要穿上豹紋的淺口鞋，時尚感立刻大增。

動物紋的打扮
最重要的是材質與面積

動物紋給人狂野的感覺，只要搭配得當，便能夠在平日的打扮中增添野性與性感的亮點。妳可以先買淺口跟鞋或圍巾等配件，挑戰大人的可愛狂野風。只要選擇灰色等保守色或小面積的豹紋，即使是在平日的打扮中也很容易用來搭配。

搭配錯誤的例子就是毛衣和包包等，身上超過兩個以上的豹紋圖案（大阪歐巴桑風），肌膚裸露太多的性感豹紋衣服（太妹及酒店小姐風）。請別忘了自然地將流行單品加入妳的打扮中。

從平日的輕鬆打扮中看到一點大人的可愛，即是動物紋搭配的重點。蕾絲罩衫＋牛仔褲的甜美裝扮，再搭上豹紋的鞋子，就顯得非常有魅力；簡單的打扮再搭上豹紋圍巾，時尚感更為提升。

豹紋

使用廉價豹紋商品，看起來會顯得俗氣，要避免選擇單薄的人工織品。

在毛皮服飾中，我推薦ZARA的商品，價格合理又好搭配。

動物紋打扮要注意的就是無論是怎樣特別的圖案，看起來一定要有質感。

我個人只會選擇黑色、咖啡色和灰色的豹紋單品，粉紅色和藍色的豹紋就不行。至於斑馬紋與長頸鹿紋的時尚配件很難搭配，最好不要購買。

隨著年齡增長，會發現到毛皮配件是珍品。這幾年來冬天時毛皮配件是不可或缺的，我愛用的有毛皮背心、毛皮脖圍、毛皮圍巾等，而且簡單俐落的針織洋裝，只要配上毛皮配件，馬上顯出有大人的優雅感，我很推薦這款洗練的搭配。

Léa Clément的毛皮圍巾

法國的Léa Clément兔毛毛皮圍巾，盛裝打扮時正好派上用場，是很棒的單品。只要改變圍法，圍巾就有不同的感覺，這一點也很棒。

亮點③

朝氣蓬勃的顏色給人巴黎女人的時尚感覺

挑選色彩鮮豔的單品，不只是裝扮顯得華麗，連自己的心情都會變得活潑、積極！成熟大人就要像歐洲女人一樣信手捻來做出對比色的搭配。

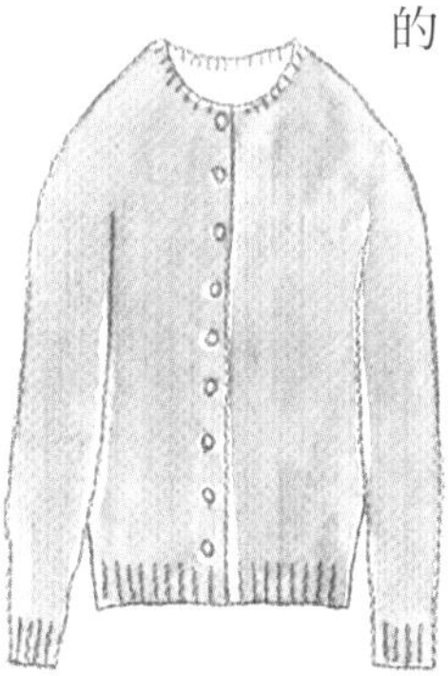

對比色毛衣外套

大人的穿搭很容易變成暗色系，只要穿上這件毛衣外套，立刻變得活潑，是萬能的單品。

讓膚色變明亮的圍巾

利用色彩鮮豔的圍巾讓皮膚看起來較透亮，妳要試圍看看才能找出適合自己的顏色。

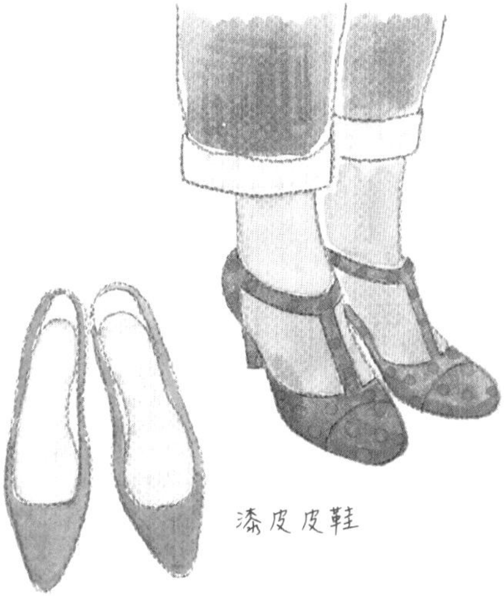

漆皮皮鞋

利用鞋子做出對比色，直接穿或配上絲襪都可以。因為要強調顏色，所以選擇樣式簡單的鞋款。

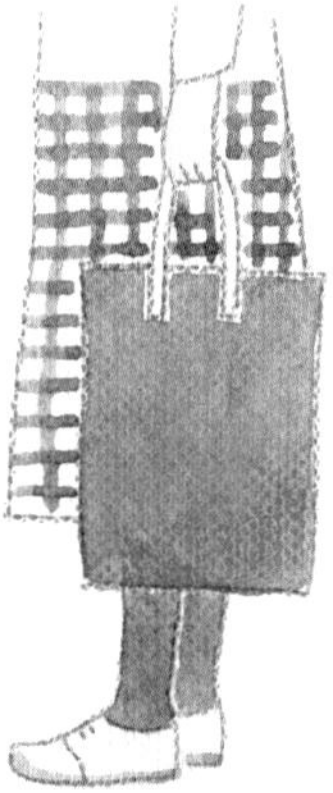

亮藍色的包包

鮮豔的藍色很搶眼，做單一色搭配時也非常適合。

檸檬黃的斜背包

朝氣蓬勃色彩的包包是搭配的主角。

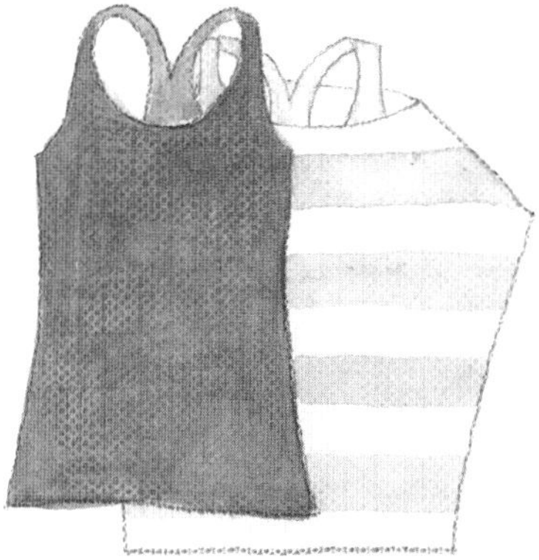

若隱若現的內搭背心

從蝴蝶袖上衣裡能若隱若現看到內搭的背心，擁有幾種不同顏色的背心，搭配時很方便。

螢光色的襪子

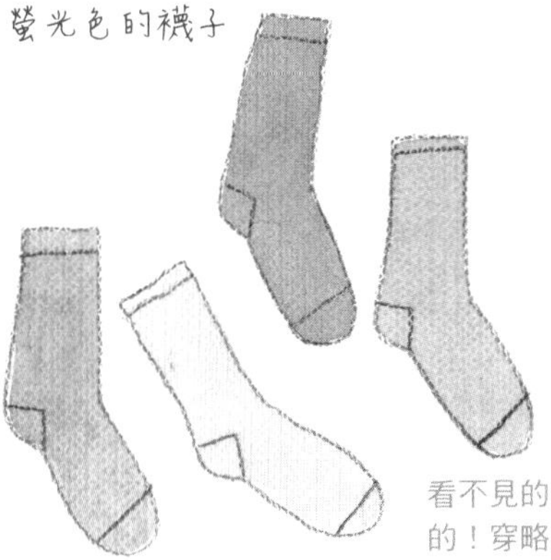

看不見的地方也要是彩色與流行的！穿略短的褲子露出些許的襪子，非常可愛。

鮮豔色彩是讓時尚感激升的最棒方法

我去歐洲旅行時，看到許多跟我年紀相仿、打扮皆是色彩鮮明的女性。鮮豔的色彩會給人很強烈的新鮮感，連看的人都會不禁感覺心情愉快，從她們身上我學到了打扮的樂趣。

我很嚮往法國女人的打扮，戴一頂藍色的貝雷帽來做出對比色；或全身以同色系的層次搭配，腳上則穿一雙紅色的芭蕾舞鞋，留心在強弱色上的打扮。

很不可思議的是，我只要搭上色彩鮮明的單品，就會覺得是很像自己的打扮，連姿勢都變好了。

如果善於將適合自己的顏色做組合的話，或許在色彩的穿搭上就變得容易了。

紫色洋裝與深咖啡色的褲襪是紫藕色（mauve）的搭配，灰色毛衣與藍色圍巾，黑白條紋上衣與紅色的對比色搭配，這都是我喜歡

芭蕾舞鞋

芭蕾舞鞋是法國品牌Repetto的基本款，但fs/ny的芭蕾舞鞋是圓頭，比較好穿，是我的愛用款。看起來華麗，又很好走，我有紅色、黑色和金色三款。

的組合。

因為隨著年紀增長，身體與臉都變得鬆弛，輪廓也變得模糊，所以我漸漸喜歡鮮明清楚的打扮。

我推薦的品牌是印花圖案色彩鮮明又熱鬧的Marimekko。

與流行無關又不落俗套的設計，布料具延展性又很舒服的設計，能遮掩住身材的缺點，這也是我喜歡這個品牌的原因。

我跟女兒一起去逛有很多色彩鮮豔商品的原宿，尋找能搭配Marimekko洋裝的內搭衣與內搭褲，是非常愉快的事。

Marimekko

芬蘭的設計品牌，自一九五一年創立以來，就以品質好、設計性強的實用商品聞名，跨越國家與世代，深受世界各國許多人的喜愛。我去北歐旅行時，看到無論小孩還是老奶奶都穿著Marimekko的衣服、圍著Marimekko圍巾，讓我很感動。

亮點④

只要搭配亞洲風配件，立即變成穿搭高手

細緻手工編織而成的民族風單品，正好拿來作為成熟有個性的大人打扮的亮點。而衣服顏色以大地色系為主，雅致的穿著是穿搭的重點。

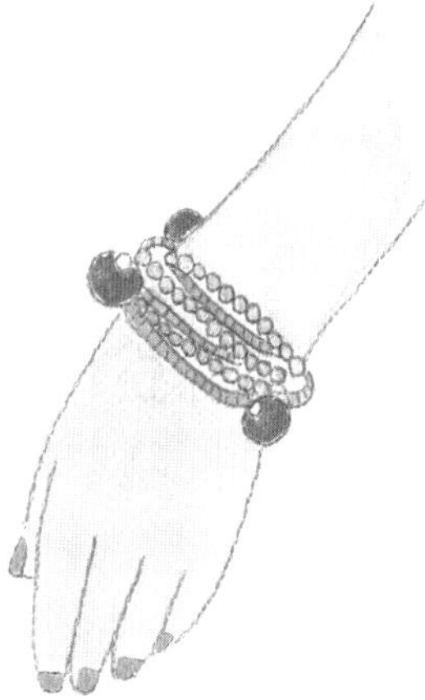

有叮叮噹噹的串珠與絨球的手環

具民族風的絨球很吸引目光，與指甲油顏色相呼應，非常漂亮。

具有手工藝品感的圍巾

藍染是越用越有味道的，因為是手工製的，其變化非常有趣。

精緻的刺繡手工包

手工細緻的彩色粗織手工包，最適合搭配簡單的牛仔風打扮。

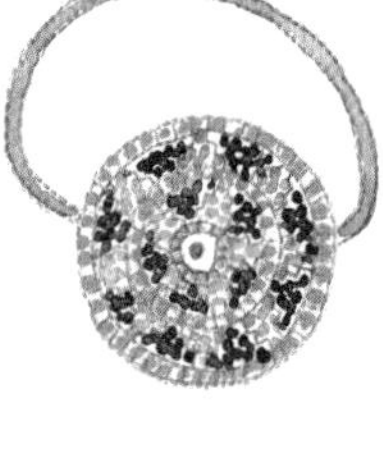

串珠髮束

異國風情的串珠給人纖細的感覺，即便是大人，在髮束上也是要講究的。

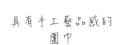

山葡萄藤籃
用久了會變成
焦糖色

藤籃是雅致的單品，搭配純淨的打扮，很洗練。

飛鼠褲
穿起來很成熟

裡頭搭配上白色針織衫，營造出清純與柔和感。

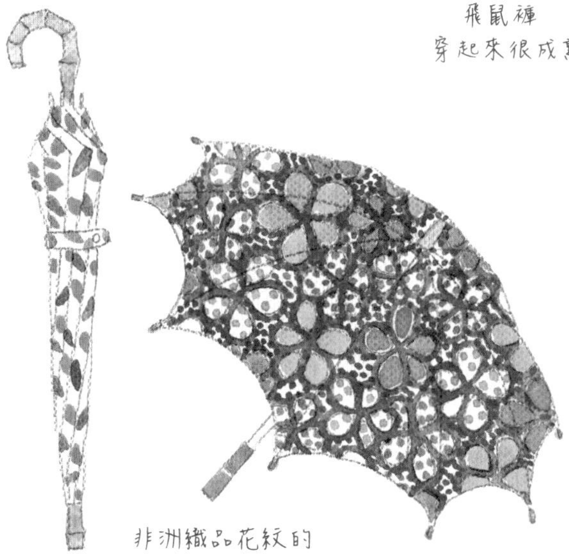

非洲織品花紋的
陽傘

色彩繽紛的懷舊印花圖案，使用非洲獨特的色彩，在夏日的陽光下會閃閃發亮。

只要一樣簡單的飾品
便能完成大人的亞洲風打扮

如果我們看到有人在打扮上混合了亞洲小飾品、織品、手染物等等配件，就會感覺到這個人是在生活、飲食方面都很講究的高水準時尚人士。

美麗的亞洲飾品與配件，一個一個手工做出來的，整齊但給人溫暖感覺，正好適合每天忙於工作的大人。

不過要留意的是，無論民族風、異國風、自然派、大地風，這些風格的打扮，只要一不小心，也很容易就會給人廉價、不乾淨、邋遢的感覺。

最近很流行的飛鼠褲（sarrouel pants）就是其中之一，我穿這種褲款時，常會很擔心我的背影看起來會不會很像屁股下垂的大象，所以盡量選擇雅致的顏色，特別做較成熟的簡單打扮。

飛鼠褲

這款寬鬆的褲子原本是中東民族的服裝，我將我在寮國以五百日元買到的飛鼠褲拆開，研究作法，然後替自己和小孩總共做了十件。這種設計很簡單，只要將三條長形的布接起來，便能完成。

除此之外，我喜歡的亞洲混合風是寮國的包包和傜族的小手提包。那是我去寮國旅行時買的，夏天時做簡單牛仔風打扮，拿來搭配，則變身為個性風。這種包包色彩繽紛又細緻的刺繡很引人注目，其品質之好，連我的朋友都大感意外。

只要選擇大地色的衣服，搭配亞洲風的飾品就很容易了。靛青色與卡其色的針織上衣則可以搭配珍珠項鍊與自然素材做成的手環。

做大人亞洲風打扮時要注意的是清潔感，極簡單的衣著再搭配上亞洲風配件，是最適合不過了。

傜族的包包

我去寮國的瑯勃拉邦（louang phrabang）旅行時買的斜背包包。傜族是居住在東南亞北部山區的少數民族，他們所做的刺繡「傜族刺繡」在日本也曾被介紹過。

亮點⑤ 利用小單品創造出高明又可愛的大人裝扮

以價格合理的流行單品與優質單品混搭出大人的打扮，妳不只要到平價服飾店找小單品，連以年輕人為對象的品牌也要去找看看喔！

流行單品可以在平價服飾店找

鉚釘鞋

皮衣外套

要找當季設計款就去H&M和ZARA。需要一點勇氣才敢穿的單品也比較容易嘗試。

毛線帽

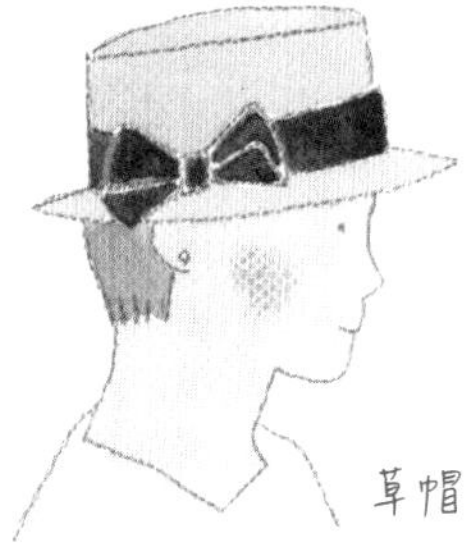

草帽

無法決定裝扮搭配時，就加上一頂帽子。可以去跳蚤市場等地方尋寶。

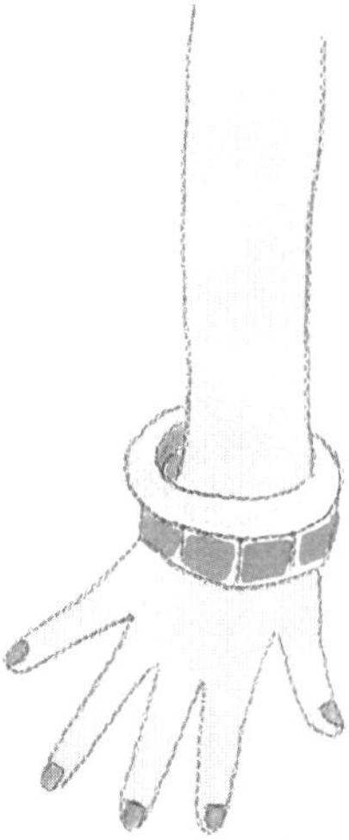
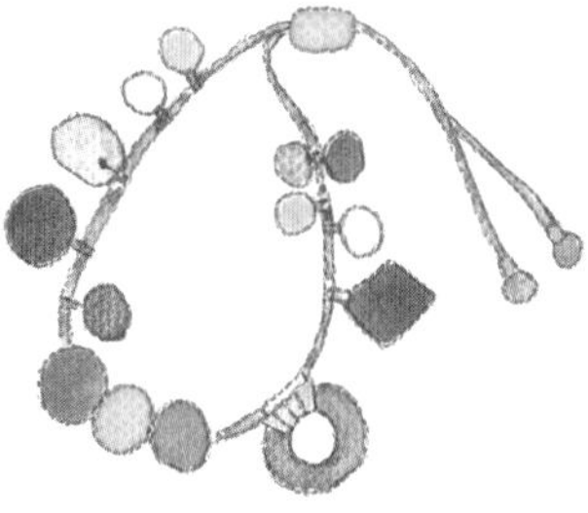

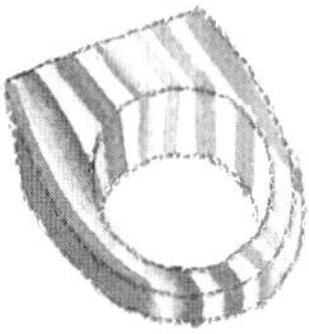

像玩具般的小飾品

保持玩心的可愛大人最喜歡民族風的飾品！FOREVER21種類很多又多樣化。

每年都想換新的毛衣

毛衣是時尚的配角，每季我都會去UNIQLO買新的。就算弄髒了也沒關係，真開心。

消耗品的褲襪與內搭褲

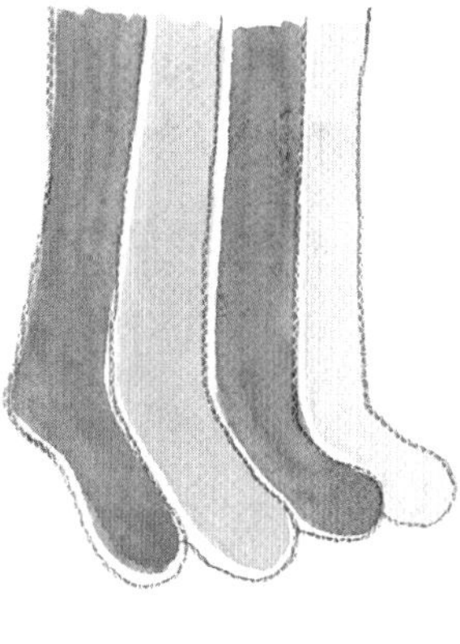
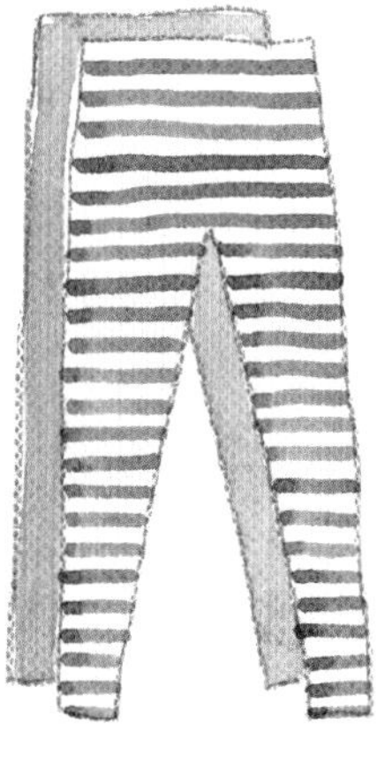

這是小單品中最常能買新品來替換的，像思夢樂就能找到各種不同顏色的款式，替換與搭配都很方便。

在小單品中加入滿滿的玩心

因為我是關西人，所以我最喜歡買便宜的東西了！而且我絲毫不會覺得丟臉，還會不禁得意地對朋友說：「妳知道我這個用多少錢買的嗎？」

我就算沒有要買東西，也會定期去各家平價服飾店看看最近有什麼新商品，不過我幾乎不會去買主要的衣服，只會買些搭配用的單品。

像我會去UNIQLO看內搭衣，去H&M看彩色的單品。還會買橘色和天空藍的毛衣開襟外套、內搭褲等單品來做顏色搭配。有些小單品很小一個或許不起眼，不過搭配之後，添加了部分的民族風與流行元素，便能愉快地享受大人的時尚。

除此之外，我還會去跳蚤市場挖寶，我喜愛名牌舉辦的一年兩次會員拍賣，也是我一年中的重要活動。

H&M

色彩豐富的毛衣開襟外套與內搭褲，不到兩千日元就能買到，所以我一次會買幾件不同顏色的。他們商品的替換率很快，所以請常去確認，並靈活運用。

第六章

四十歲開始的衣櫃

變成大人之後，有不再適合的單品，
當然也會有適合的單品。
即使是洋裝與褲子等一般的單品，
只要選擇對的配件與花樣，
就能完成大人的打扮。

大人的洋裝風格

洋裝能輕易就遮掩住身材，顏色與花樣也很多，
不需做什麼上下搭配，是時尚的最強單品。
也能享受搭配配件的樂趣。

印花圖案洋裝

＋

內搭褲

大膽的檸檬黃與藍色的印花，給人清爽與涼快的印象，再搭配灰色的內搭褲來做調合。

寬鬆洋裝

＋

寬鬆洋裝

春天或秋天
好天氣時
適合去公園的
穿著打扮

舒服柔和的自然風洋裝，利用同色系的搭配，穿出高雅氣質。

加上
真毛皮的配件
給人華麗的感覺！

針織洋裝
＋
毛皮披肩

針織洋裝的柔軟與毛皮的光澤感，能大幅提升女人味！變身為大人的冬天盛裝打扮風格。

黑色洋裝
＋
手拿包

因略顯單調
所以，加入些許紅色
變成具個性風的打扮

這件洋裝有修飾身材的效果，穿起來顯得修長，加入畫龍點睛的紅色配件，再拿個手拿包，時尚感瞬間激升。

繭形洋裝
＋
彩色褲襪

穿起來很舒服，也能遮掩身材的繭形洋裝，是我很愛的款式。以玩色搭配，呈現出雅致的時尚。

自由運用配件來搭配洋裝

我從三十五歲之後就很常穿洋裝，因為小腹微凸，所以我從天然材質的衣服換成有漂亮剪裁的衣服。

只要妳開始穿洋裝，就會發現洋裝的搭配簡單，又能修飾身材，優點很多。只要利用內搭褲、圍巾、包包、鞋子等配件，即使同一件洋裝，可以平日穿，也可以外出時穿，是非常棒的單品。

不同類型的洋裝在袖子形式與長度、領口樣式、腰部一帶的線條、裙子長度等皆不同，所以為了要挑選一件最適合自己體型的洋裝，一定得試穿。我的雙臂像冷水枕一樣又肥又大，所以對我來說，袖子的長度與剪裁的線條是最重要的。

如果只穿一件洋裝，我會選擇袖長是手肘往肩膀方向約五公分以內的洋裝。特別是飛鼠袖

繭形洋裝

「繭形」就是像一個繭般，如同繭般接近圓形的剪裁，給人有女人味又可愛的印象。

與繭形洋裝，是讓我最安心的設計。

如果是穿露出手臂的無袖洋裝，或是袖子很緊的洋裝，我一定會再穿上一件毛衣開襟外套。而且毛衣開襟外套與配件的色彩搭配，正是穿洋裝的樂趣之一。我盡可能會做色彩鮮明的裝扮。

四十歲時穿洋裝，要留意的是不要讓自己看起來像小孩子。我身高一百五十三公分，是矮小又略圓的身材，脖子、手臂與腳踝等該露出來的部位得露出，該隱藏的部位要隱藏，盡可能讓自己看起來修長、俐落，我會在鏡子前確認自己的打扮是否達到平衡。

請務必穿上有點跟的鞋子，即使只有看起來顯得略修長些、像大人一點，但這是穿洋裝的法則。

成熟又可愛的洋裝穿法

如果洋裝選擇顏色雅致的款式，就加上色彩鮮豔的配件，這樣的搭配就不會失敗。如果選擇色彩鮮豔的洋裝，圍巾與內搭褲就要選擇暗色系的，來取得平衡。

大人的褲裝風格

依據搭配單品的不同，
褲子能做出輕鬆或整齊的打扮，
請依照符合自己風格的法則，
享受每天的搭配。

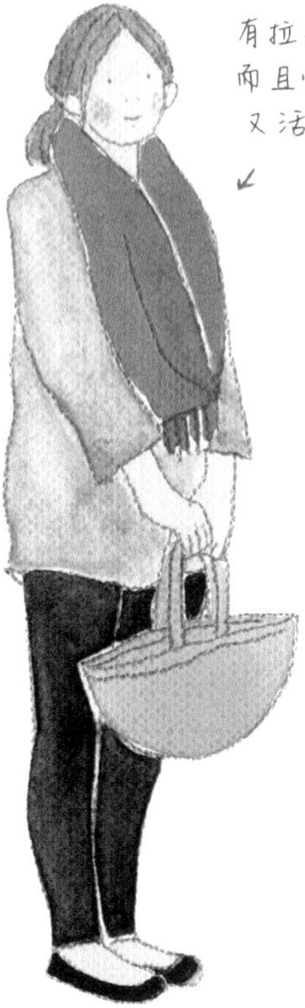
有拉長的效果
而且恰到好處
又活動方便

緊身褲

修身長褲，再圍上具分量感的圍巾，做出對比色差搭配，一強一弱的搭配很有魅力。

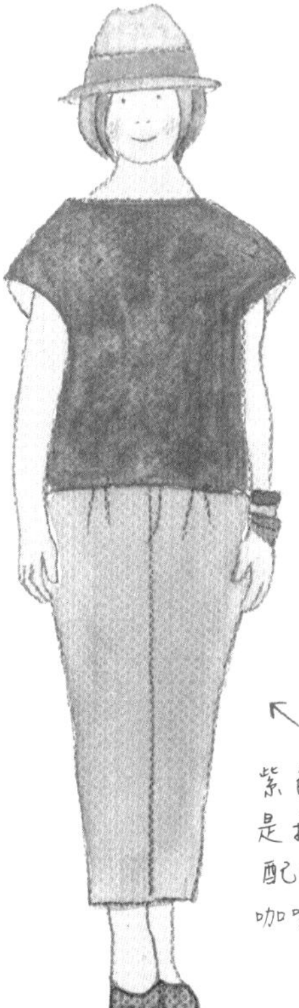
紫色加上軍綠色
是我喜歡的配色
配件則選擇
咖啡色來取得平衡

錐形褲
（tapered pants）

為了讓自己看起來較高，可以戴上帽子，主要是走縱線的搭配，褲子較短，看起來比較輕快。

需有點勇氣
才敢穿的印花
圖案服裝
但非常具有流行感！

印花緊身褲

穿上流行的印花緊身褲，上衣與配件的顏色則從印花中挑選一個顏色，就能讓穿著具有統一感。

飛鼠褲

穿起來寬鬆舒服的衣服，脖子、手腕、腳踝皆露出來，是大人輕鬆風格的打扮。

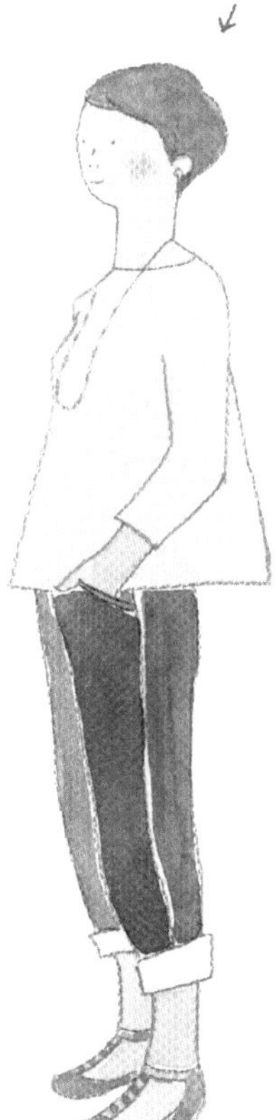
無意中
我選擇了
肚子周圍
寬鬆的罩衫
褲子則是
窄管褲！

牛仔褲

簡單的搭配，再穿上線條優美的高跟鞋，顯得很有女人味。牛仔褲的褲管捲起來，更具時尚感。

褲子最重要的就是線條剪裁！對「流行的樣式」要很敏銳

如果我看到穿牛仔褲的奶奶，就會不禁覺得「她有顆年輕的心啊」，對我而言，牛仔褲就是年輕、時尚的象徵。

我在懷孕期間，身材漸漸改變，後來已經沒有辦法穿上牛仔褲了，於是我心裡出現一種不再年輕與不再時尚的失落感。生產過後，我將還未斷奶的孩子交給媽媽照顧，跑去買了能讓腳看起來又細又修長的美腿牛仔褲。只不過是穿上牛仔褲，便讓我有種又重新回到時尚行列的感覺。

褲裝是打扮不可少的基本款式，褲型剪裁的流行周期出乎意外地快。最近我拿出放了三年沒穿的工作褲來穿，發現工作褲寬鬆的線條更加強調我又矮又圓的身材，實在不好看。前幾天我穿上能遮掩住粗大腿、讓膝蓋以下看起來細瘦的錐形褲，驚訝地發現這款褲型非常適合

錐形褲

褲子的正面有褶，能遮掩住妳在意的小腹，往小腿方向的褲管比較窄，呈錐形，具美腿效果。搭配不同的單品，可以做男孩風打扮，也可以做輕鬆打扮。

矮胖的身材。

話說回來，我學生時代流行過的喇叭褲，現在幾乎看不到有人穿了。以前也有過覺得將褲管捲起來很土氣的時代，但這幾年來，將褲管捲起來才代表時尚，流行有時候真的很不可思議。

牛仔褲、卡其褲、工作褲，這些褲款無論是材質或樣式都是永恆不變的基本款，但線條剪裁的流行周期卻很短。我認為年過四十歲後，不需要太過追求流行，但也不能對流行漠不關心。不要太執著於自己年輕時的打扮，請更新吧！

捲褲管

不知從何時開始，將牛仔褲的褲管捲起變成了固定作法。將褲管摺到腳踝以上，露出小腿最細的部位，能達成很好的平衡！

我用了超過十年的愛用品

我在衣櫃裡尋找使用超過十年的愛用品，
雖不到絕不讓步的程度，
但如果沒有的話會很困擾。

YURIPARK
貝雷帽

Yuri Park&Maco e ippo的貝雷帽。每一頂都是精心製作的手工品，無論戴幾年都不會顯舊。

ebagos
藤籃包

使用柔軟的袋鼠皮革做成的，藤編與毛皮構成的包包。兩種不同素材的組合非常新鮮。

紅色點點指甲油

我十幾歲時看過的法國電影《壞痞子》（Mauvais Sang），女主角茱麗葉．畢諾許在電影裡擦的這種指甲油很可愛，從此之後我就模仿她。

CHIE MIHARA
高跟鞋

這是即使穿一整天也不會腳痛的高跟鞋，圓形的鞋頭與像貓腳一樣的鞋跟很可愛。

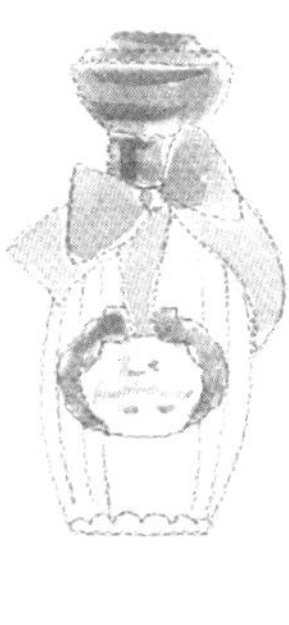

ANNICK GOUTAL
香水

我最喜歡的香水是忍冬（Le Chèvrefeuille），前味是柑橘系的味道，中味是清爽的花香。

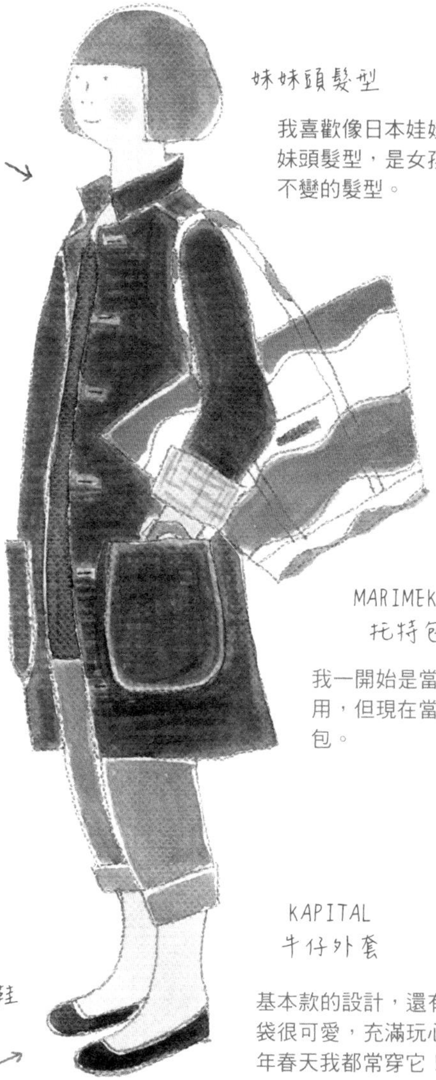

將牛仔外套的
領子立起來
很有大人
成熟感覺
我非常喜歡

妹妹頭髮型

我喜歡像日本娃娃般的妹妹頭髮型，是女孩子永遠不變的髮型。

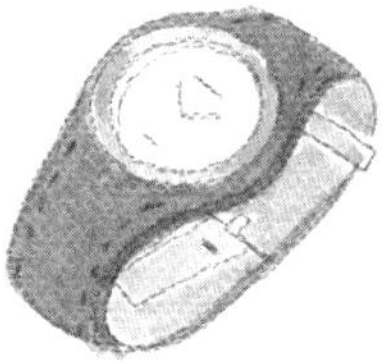

HERMÈS
HARNAIS
手錶

三十歲時我送給自己的禮物。

MARIMEKKO
托特包

我一開始是當成媽媽包來用，但現在當作一般外出包。

KAPITAL
牛仔外套

基本款的設計，還有大口袋很可愛，充滿玩心。每年春天我都常穿它！

黑色的芭蕾舞鞋
也是每天
必備的單品

從現在開始
想繼續用十年的單品

我看著自己的衣櫃，在裡面尋找使用十年以上的愛用物品，我發現那些當初因為覺得「就是這個了！」而買下的東西，結果意外地用不久，然而用超過十年的東西，都是如此，等我突然驚覺到時，才發現原來已經用這麼久了。例如，YURIPARK的貝雷帽是我在OUTLET買的，MARIMEKKO的托特包是我去瑞典旅行時買的。

雖然我並不是一直留妹妹頭的髮型，但在嘗試過各種不同髮型後，發現妹妹頭髮型不論哪種衣服都很好搭配，捲髮修剪後也簡單就能恢復成妹妹頭。其他的鞋子都不合腳，而CHIE MIHARA的鞋子非常合我的腳，因為我的大姆趾較往上拱，如果鞋頭不是圓頭的話，我無法長時間穿，我找了超過十年，只有找到CHIE MIHARA的鞋能合我的腳。根本就像是灰姑娘

OUTLET

每年兩次我回娘家時，我最開心地就是去OUTLET。我會去找帽子、飾品和鞋子等季節性配件。我常去的大阪RINKU PREMIUM OUTLETS有北歐餐具品牌Dansk，我常不知不覺買了許多鍋子與玻璃杯。

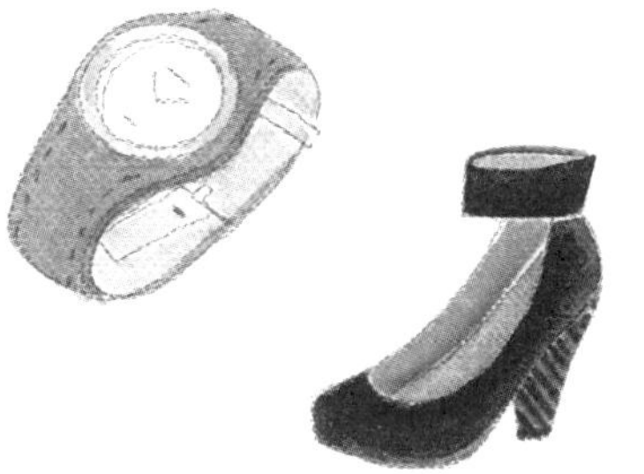

的玻璃鞋！像這樣能符合體型與缺點的物品，持續讓我愛用的物品其實很多。

這些我愛用十年物品的共通點是「我一直很喜歡，設計能經過時代的考驗，不會退流行；不跟隨流行的品牌；不會舊、很堅固耐用；很常用，每次用都覺得很新鮮；觸感很好，用起來很舒服；與我的體質、個性很合；怎麼用都用不膩」。

我年輕時，對於雜誌等刊登的「優質的基本款」會心生嚮往，我會去找我喜歡的東西，但那些東西實際上卻不一定會變成自己的基本款單品，這是我最近的心得。

不需要感動的相遇，也不用熱情喜愛，只要對自己來說是必要的東西，就會一直留在衣櫃裡。

CHIE MIHARA

這是由巴西出生的日裔第二代Chie Mihara在西班牙所創的品牌，依據人體工學做鞋子，大家公認他們家的鞋子穿起來非常舒服。既時尚又女性化，兼具可愛的設計，這正是此品牌受歡迎的原因。

訂製世界唯一的珠寶

我將媽媽給我的鑽石項鍊重製，
改變設計成為能天天輕鬆佩帶的珠寶。

BEFORE

photo Ryui

原本的設計很簡單，而且白金鍊子太粗，戴起來太像歐巴桑，所以我很少戴，一直收在衣櫃的盒子裡。

我向
Ryui 珠寶設計師
提出的要求

- **能戴上二十年、三十年的簡單設計**
- **可以隨時佩帶不離身**
- **項鍊的長度可以有三種變換方式**

我們碰面時
珠寶設計的
平小姐當場
畫起設計圖

AFTER

photo Ryui

奢華的黃金項鍊很成熟，重製後更為突顯鑽石的美，變成一條很漂亮的鑽石項鍊。

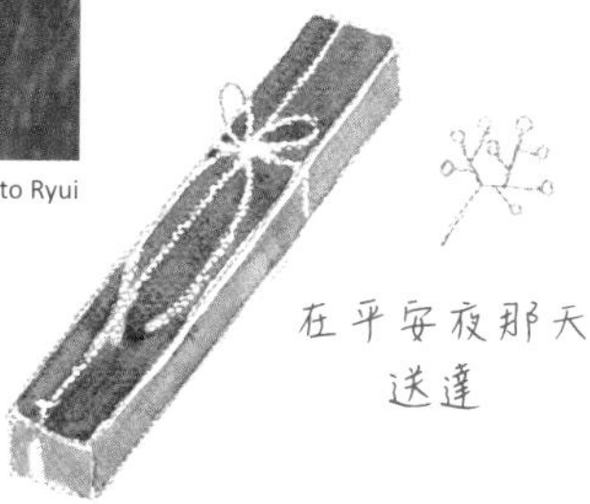
在平安夜那天送達

帶給我平靜力量的重要寶物

高品質的珠寶重製後可以使用更久

年過四十歲後，我突然想要一件可以隨身佩帶的珠寶，並且希望能用到六十甚至七十歲。對我來說具有特殊意義的事，就是我將媽媽給我的鑽石項鍊重製。

這條項鍊原本的鍊子是比較粗的白金鍊，鑽石墜臺的設計又顯得太過時，沒辦法用來搭配我平常的輕鬆打扮，所以一直被我收著沒拿出來配戴。

當我興起想要重製的念頭，卻一直找不到哪裡有在做這項業務，後來我是在網路上以「鑽石、項鍊、重製」為關鍵字做圖片搜尋，從其中選出一個風格我最喜歡的，即是我這次委託的Ryui。

我與設計師平結小姐約定見面討論重製設計事宜，見面的那一刻，她給人的感覺就像我當初找到的圖片一樣，是個很棒的人，於是我感

母親的項鍊

我覺得古老的東西上存在著獨特的力量，它不僅具有累積的精髓，而且還有不能遺忘的、昔日大家珍惜它的那種心情。

到非常安心，直覺認為委託給她一定沒問題！我想與自己的「品味」相同是最重要的事。當場我提出自己的想法，與她一起討論設計，將項鍊交給她。

等了幾個月的時間，在平安夜那一天，我收到了任何地方都買不到、世界上獨一無二的珠寶。

重製之後，項鍊給人的感覺為之一變，華麗又簡單，鑽石又大又顯眼，變成一條很漂亮的項鍊。我覺得它成為能將我的人生引導至很好方向的重要珠寶。

Ryui
2008年日向龍與平結結為夫妻，並創立了「Ryui」這個珠寶品牌。從設計到製作都由兩人一手包辦。
http://www.ryui.jp

雖然喜歡但不適合的少女風服飾

因為我們常保年輕的心，所以不知不覺中就會選擇可愛的東西。不過，要注意！「喜歡的東西，不代表是適合的東西」。

復古印花
洋裝

典雅的設計與復古印花，只要一不小心就顯得老氣，會像歐巴桑。

一身黑

為了打扮特地穿了黑色洋裝，但不知為何看起來就像是參加婚喪喜宴。

輕柔法式袖
方格罩衫

即使是小學生也很適合的衣服，穿起來太過可愛，會變成有點不忍卒睹的歐巴桑。

短褲

年過四十歲只有身材好的人才適合穿，這是限定單品！

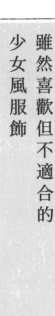

百褶裙穿起來很可愛，

但是……

年過四十歲後……

圓領襯衫

人到四十歲時不適合穿圓領襯衫，但我覺得六十歲、七十歲的人則很適合。

上衣塞進裙子裡

將上衣塞進裙子裡的成熟風打扮，看起來瘦了五公斤！

娃娃鞋

永遠的少女單品，可以再穿二十年。

百褶裙

一般歐巴桑如果穿太傳統的衣服，看起來像是不關心打扮、土氣的人。

不再適合的圓領罩衫
與熟齡之後變得適合的衣著

因為皮膚暗淡、鬆弛，又有皺紋與乾燥的現象，而使得臉看起來顯得很老，身材也變臃腫了，少女風格的衣著不再適合自己。有一天，我突然發現自己一直很喜歡的小圓領襯衫、水手服領的罩衫、方格紋、娃娃鞋已經不再適合了。穿這些衣著站在鏡子前，根本就是個不忍卒睹的歐巴桑。

既然有適合水嫩肌膚的東西，當然也有不適合的東西。對朝氣蓬勃的水嫩肌膚來說，乾爽的棉質布料也很適合。我發覺四十歲的肌膚比較適合光滑、有光澤的材質與輕柔、有輕透感的材質。

相對的，喀什米爾羊毛與絲綢這一類有質感的衣著便適合熟齡肌膚。我最嚮往的大人穿著就是將喀什米爾V領毛衣穿出清爽與輕鬆感。

話說回來，我最近看到適合穿百褶裙，穿得

絲綢罩衫

女性在年過四十之後才能將絲綢衣服穿得雅致。豔麗與華美的絲綢罩衫，配上樣式簡單的法蘭絨長褲，是平日就能穿的搭配。

朝氣蓬勃又洗練的老奶奶，讓我突然重新找回勇氣。

我年至四十歲，變成大人的現在，最不適合的就是像女學生般的打扮風格，不過等到三十年後，當我七十歲時，會發現又很適合穿百褶裙了。

我偷偷立下一個目標，那就是以後成為一位穿罩衫配裙子、穿襪子配上娃娃鞋，做女孩打扮的老奶奶。

喀什米爾V領毛衣

又輕又暖、穿起來又舒服的喀什米爾毛衣是能穿一生的衣服。我愛用十年的喀什米爾圍巾，也是越用越柔軟、圍起來很舒服。N100與YURI PARK的優質喀什米爾材質，是我很喜歡的品牌。

雖然喜歡但不適合的男孩風服飾

年輕時大家應該都曾做過爽朗的「男孩風」打扮，但隨著年紀增長，便漸漸不能再做這種打扮。

復古的T恤

基本款T恤是最不適合臃腫身材的款式。

法蘭絨
格紋襯衫

我想像自己穿法蘭絨格紋襯衫搭配牛仔褲，背帆布包，總覺得只像是為了逃亡而做的變裝打扮！

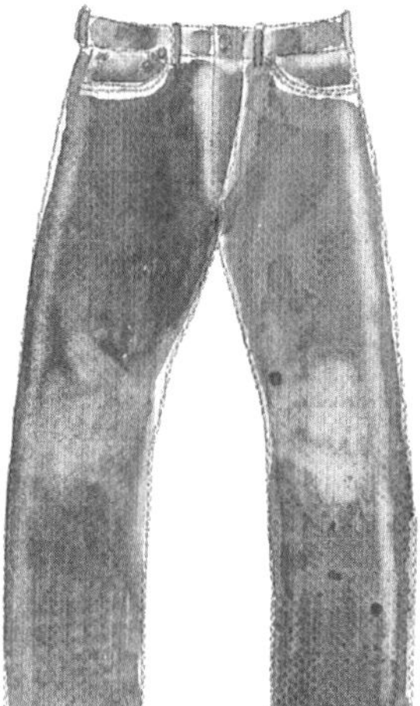

501牛仔褲

這款牛仔褲會讓大屁股更為明顯，腳看起來更短，像我這種身材不適合穿。

後背包

除了平日就常運動的人之外，後背包並不適合當作打扮的單品。

穿牛仔吊帶褲
很可愛……

進入四十歲後……

捲髮

雖然可以留波浪捲髮，但短髮燙小捲髮只是看起來更像歐巴桑。

牛仔外套

在搭配上，牛仔外套是即使年過四十歲也能穿的單品，但上下衣都穿牛仔質料的，是很厲害的裝扮高手才能駕馭的搭配。

復古的
牛仔吊帶褲

或許看來只像是愛吃鬼？但是似乎是有想將吊帶褲穿出成熟風格的野心。

依據生活型態來做男孩風的打扮

T恤搭配牛仔褲的少年風打扮，比較適合身材苗條、「瘦骨嶙峋」的人，像我這種身上有肥軟脂肪又不運動的人，一點都不適合。還有POLO衫、法蘭絨格紋襯衫、科維昌式厚毛衣（Cowichan Sweater）等也是完全不適合我。

雜誌上介紹過四十歲、五十歲的帥氣女性穿Levi's 501牛仔褲的搭配法，但對我來說是完全不行的！我穿那款牛仔褲，只是再次突顯出我的屁股大、肚子圓滾滾、腿又短，只是看到一個矮胖的人而已。

成熟女性要做男孩風的打扮，必需要有生活型態作為基礎，例如去戶外活動時，可以穿法蘭絨格紋襯衫；去打高爾夫球時，穿POLO衫等。

Overall和Salopette的差別

由胸前布加上吊帶作成的工作褲，英文就是Overall，法文則是Salopette，只是英語和法語的不同而已，其實都是吊帶褲的意思。

第七章

從現在開始的大人打扮

大人的打扮是隨著時間累積所呈現出來的樣貌。
正因為如此，
我想做出如同名片般，
宣告「這就是我」的裝扮。

四十歲的真實快照

雖然年紀相仿，但四十歲的人樂在各隨喜好地打扮。現在就來看看身邊的四十歲女性吧。

漂亮專職主婦

氣質太太

長版衫小姐

朝氣蓬勃的媽媽

清爽舒服的媽媽

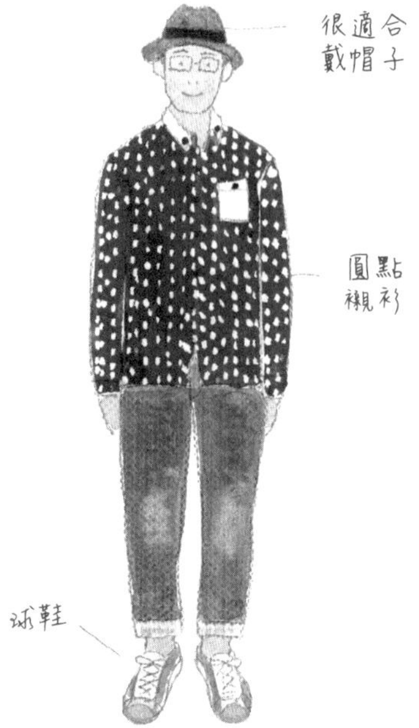

時髦爸爸

普通的爸爸

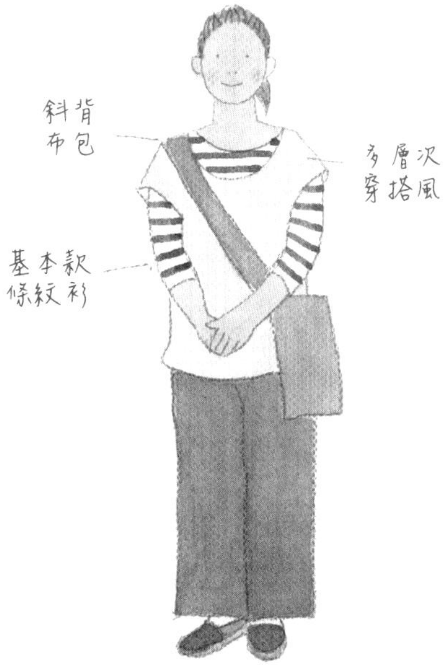

自然風的時髦小姐

為了活出自己，並活得閃閃發亮
打扮是必要的

我去參加孩子的學校活動時，便能遇到許多三十歲、四十歲與我同輩的其他家長，因為大家的職業各有不同，如同是社會的縮影。我刻意觀察過大家的穿著打扮，發現到男性的服裝幾乎都是襯衫與長褲，屬於輕鬆的假日爸爸風格。偶爾看到打扮比較鮮明的人時，我會擅自在心裡想著：「那位爸爸一定是設計師或是做什麼創作的工作吧！」因為大家的打扮都很相似，所以特別時尚的人便很顯眼，相反的，也沒有特別邋遢的人，大家都是世俗認為的爸爸模樣。

至於女性的話，每個人都打扮得很漂亮，真的讓我大感訝異。比起年紀相仿的單身女性朋友，專業主婦無論是在體型上的維持，還是打扮方面都很用心，就連指甲都弄得很漂亮。

我看著那些女性便明白了，對女性來說，即

男性的「斜背包包」

假日時，家中有幼兒的爸爸會斜背包包的機率非常高，或許因為那是工作時不能做的輕鬆打扮，又能空出兩手方便抱小孩，因此受到爸爸的喜愛。

便結婚了，即使有了小孩，為了要活出自己，且活得閃閃發亮，打扮是絕對必要的。

我與媽媽友人一起吃午餐和喝茶，大家就會聊起化妝品和保養肌膚的話題，我發覺大家所花費的時間與金錢遠遠超過我，因此我深切反省自己的懶散。之後我都趕忙上網搜尋大家所推薦的化妝品。

只要去有許多打扮時尚的人的咖啡店與集會，看周遭人的穿著打扮就能得到靈感，讓我作為每天穿衣的參考。

因為受到同輩女性的刺激，讓我想變得更漂亮、變得更時尚！

光療凝膠指甲與種睫毛

我去參加小孩的家長會時，常會聽到誰做了指甲或種睫毛等話題。看起來很顯眼又華麗，是這兩者很受歡迎的原因，但我還沒有試過種睫毛。

穿著舒服與生活愜意的共通點

手作品

牛仔布包

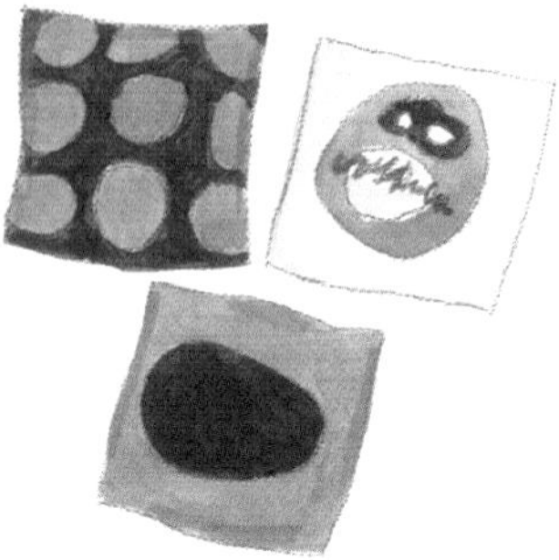

以小孩畫的圖做成的抱枕

最近我擁有自己做的東西，就覺得我能表現出與眾不同、獨特的自己。不過，如果全部都是我自己做的東西又有點不好意思，因此能不經意地突顯出來就好了。即使只有一樣也好，只要擁有世上唯一的東西，我就會覺得自己的背景比較雄厚，眼界也更開闊。

機能與美感兼具的設計

AIGLE長大衣

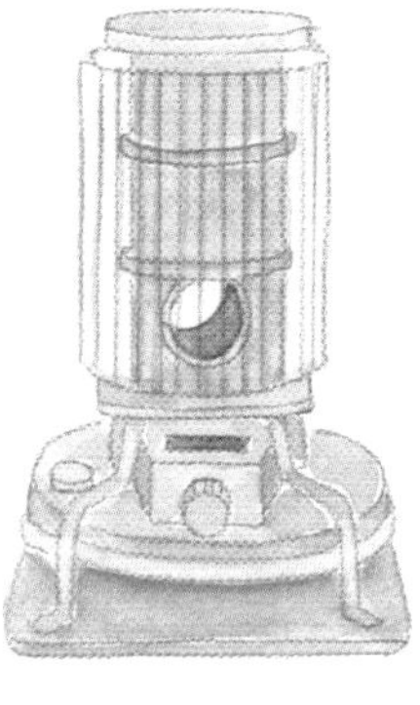

Aladdin藍焰暖爐

原本這種長大衣（Redingote）是騎馬用的雨衣，但我把它當作騎腳踏車時的雨衣，它的下襬很寬，騎腳踏車非常合適，其設計穿起來既時尚又帥氣。Aladdin的藍焰暖爐（Blue flame Heater）不用說，是兼具功能與美感的品牌，這兩者都是我生活中不可或缺的東西。

我最愛的圓點圖案

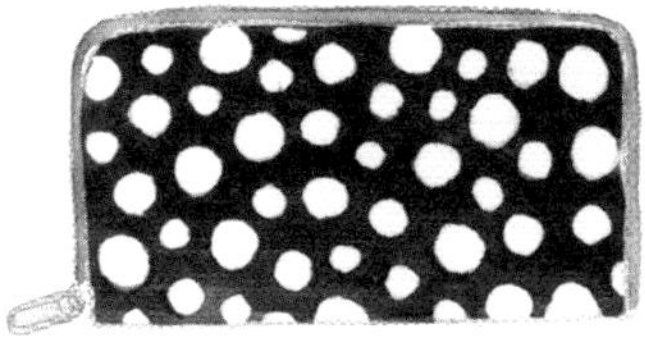

圓點皮夾

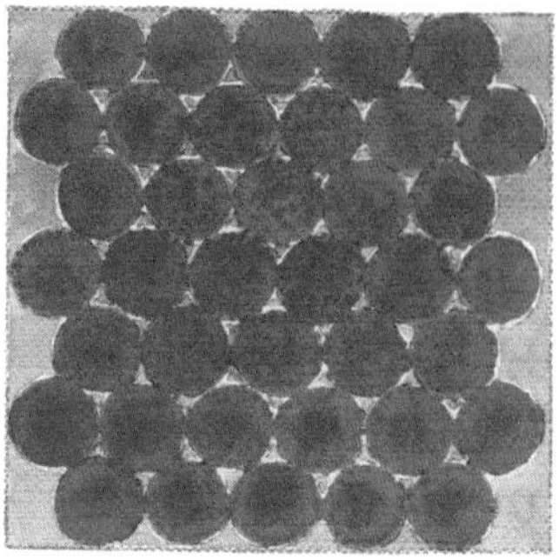

圓點地毯

因為我認為「什麼都可以從點開始」，所以我非常喜歡圓點圖案。我家裡有Marimekko的圓點圖案的窗簾，還有在IKEA買的圓點圖案的地毯，或許有人會覺得圓點讓他不能安定，但對我而言是很平靜的空間。我去伊勢丹百貨時買了LOUIS VUITTON與草間彌生合作的皮夾，我喜歡到每天都想將它貼在臉頰上。

不退流行、歷久彌新的設計

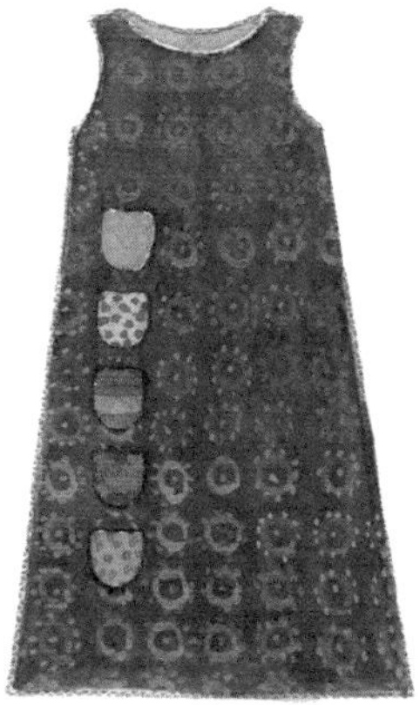

Marimekko快樂洋裝

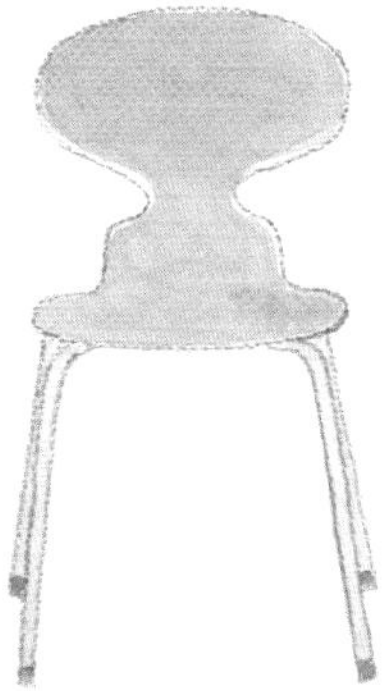

阿諾・雅克比松設計的螞蟻椅

螞蟻椅（Ant Chair）是阿諾・雅克比松（Arne Jacobsen）在1952年的設計，直到現在仍在生產，是以螞蟻為主體所設計的椅子。與這把螞蟻椅相同，Marimekko的深受小孩與大人喜愛的「ILOINEN TAKKI」圖案基本款洋裝，是「快樂洋裝」的意思，這件洋裝穿在身上真的連心情都變開朗了。

明白自己「喜好」的打扮才是真正的打扮

我覺得只是看了一眼就能感受到那個人的氣質，是很棒的事。有氣質代表那個人有自己的「堅持」、「喜歡的東西」。我認為打扮也必須有自己的「堅持」，比起只是跟隨流行打扮的人，我覺得貫徹自己「堅持」打扮的人比較帥氣。

我也有好幾個小小的堅持，而我確實感受到有自己的「喜好」帶給我安定感。我從以前喜歡的東西就是簡單而帶有能使人會心一笑的玩心。例如尺寸很小的口袋、不規則的等有點戲謔的設計讓我難以抗拒。

如果穿不是自己喜歡的衣服，就會覺得很不像自己，有種不協調感，不過，如果是穿別人覺得有點怪、但自己喜歡的衣服，還是會覺得這樣比較像自己，打扮或許就是「穿讓自己感覺舒服的衣服」。

家中的味道、家具、餐具、食物，每一樣都

美髮店

我的頭髮變得又細又少，所以無論是洗髮精或肥皂，我都盡可能選擇天然的。特別是為了染受損又怕刺激的白髮，我到美髮店都是選用肯夢（AVEDA）的染髮劑。

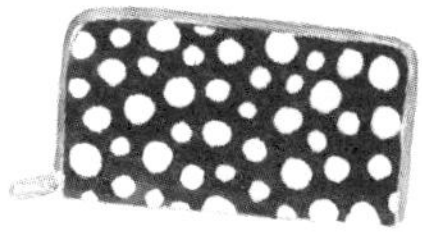

是讓我能自然地活出自己的重要事物。在選擇咖啡杯、窗簾時，也是第一眼看到時直覺便認定就是它而買下，這樣的情況就是最好的。

與人初次見面時，我不想穿那種打從心底覺得「真正的我不是這樣」的衣服，而是希望穿能讓我很有自信地說「這就是我！」、能如名片般展現自己的打扮，這是我的理想。

所以當我在美髮店，在全身衣服被罩住、頭上包著毛巾的狀態下，被美髮設計師問到「妳想要怎樣的髮型」時，我會感到不安。這種時候，便會再次體會到「有打扮」的自己是真正的自己。明白自己「喜好」的打扮才是真正的打扮。

肯夢（AVEDA）

是以植物成分為基礎的美髮用品、臉部保養品、身體保養品、使用芳香療法製品的美妝品品牌。

我的穿著打扮歷史

16歲（1987年）

樂團正流行的時代
我很喜歡UNICORN、THE BLUE HEARTS、THE BOOM
（譯注：皆為日本樂團）
全身都是OZON COMMUNITY的衣服
（打工賺的錢全花掉了）
大頭鞋

17歲（1988年）

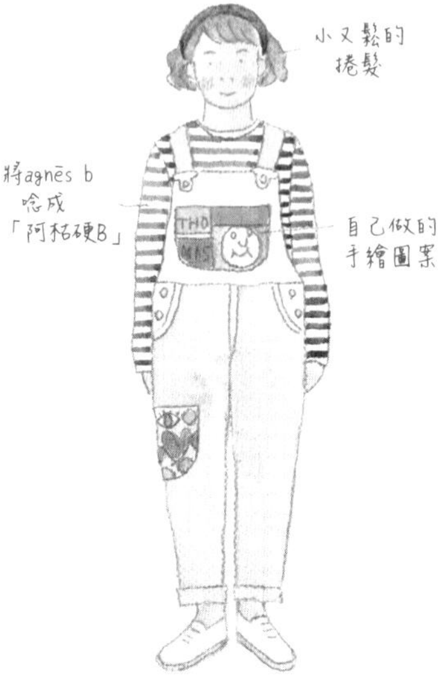
小又鬆的捲髮
將agnès b唸成「阿格硬B」
自己做的手繪圖案
THO
MAS

20歲（1991年）

受到Sybilla世界的衝擊！
無論色彩或形式都充滿細緻的手工感，全都讓我很感動
至今我仍留下一件

24歲（1995年）

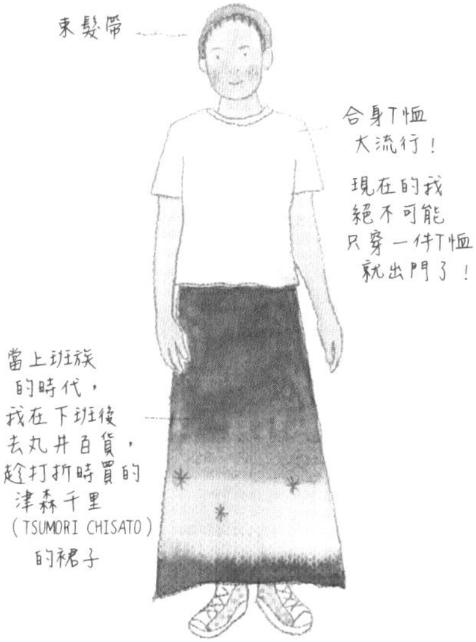
束髮帶
合身T恤大流行！
現在的我絕不可能只穿一件T恤就出門了！
當上班族的時代，我在下班後去丸井百貨，趁打折時買的津森千里（TSUMORI CHISATO）的裙子

26歲（1997年）

當時我
出版了
第一本書
ZUCCA
的洋裝
十公分的
厚底鞋

30歲（2001年）

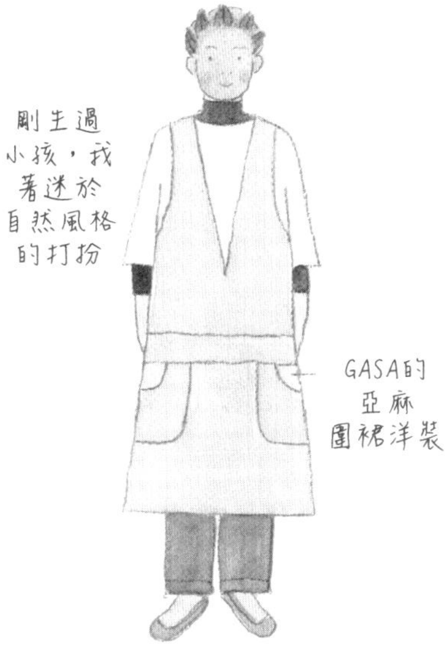
剛生過
小孩，我
著迷於
自然風格
的打扮
GASA的
亞麻
圍裙洋裝

34歲（2005年）

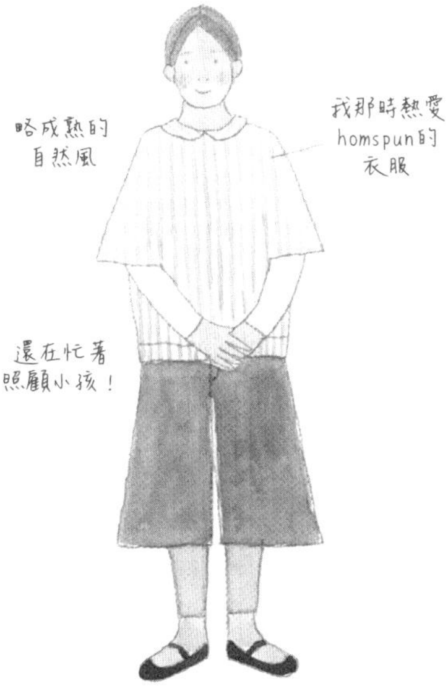
略成熟的
自然風
我那時熱愛
homspun的
衣服
還在忙著
照顧小孩！

40歲（2011年）

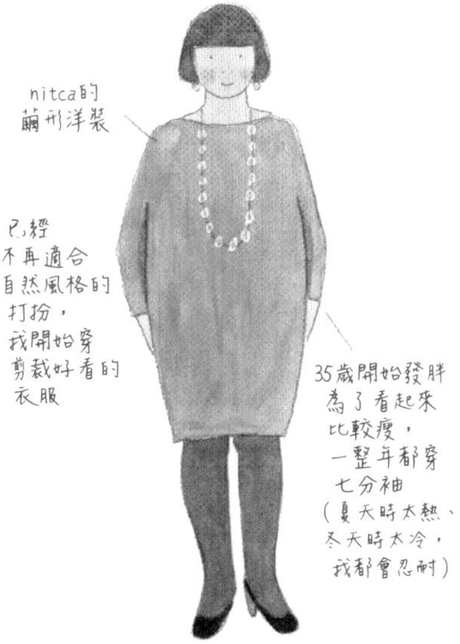
nitca的
繭形洋裝
已經
不再適合
自然風格的
打扮，
我開始穿
剪裁好看的
衣服
35歲開始發胖
為了看起來
比較瘦，
一整年都穿
七分袖
（夏天時太熱、
冬天時太冷，
我都會忍耐）

自己的中心主軸與
改變的打扮、不變的打扮

無論年紀幾歲，女性在打扮時都是興高采烈的，當穿新衣時，會有種清新的風吹過自己的新鮮感，這種感覺無論是小女孩或是老奶奶，只要是女性一定都有同樣的心情。

說到打扮，有為了誰而打扮是最愉快的。現在回想起來，我十多歲、二十多歲、三十多歲的打扮都各異其趣。

我十多歲時，身處在年紀與興趣相仿的朋友裡，很難找到自己，就隨意選了設計較有個性的衣服。打工賺的錢全拿去買衣服，或許那時我最感興趣的就是穿著打扮。

進入二十歲後，我意識到這是自己人生中最有「桃花緣」的時候，而開始刻意打扮。但說起來，我穿復古衣與厚底木鞋，漂亮的姊姊看到後吐嘈我說：「這種打扮哪裡好看？」但當我變成社會人後，打扮有變得略為成熟像大人

一點。

之後我結了婚，進入三十歲的年紀，因為有了小孩後，我便熱中於自然風格的打扮。我周遭的媽媽朋友都是穿著打扮的競爭對手，我會想下次我要打扮得年輕一點等，正因為如此，我更明白「想要打扮給誰看，因此才打扮」這一點。

即使自己的喜好與想法的中心主軸沒改變，但會受到時代、生活型態、自己的地位等各種變化的影響，打扮也會不斷地跟著產生變化。我想今後我若能樂在持續改變的自己之中，那就太好了。

我愛用品牌的歷史

MILK（ミルク）
OZON COMMUNITY（オゾンコミュニティ）
DEPT（デプト）
←
agnès b
Vivienne Westwood
Helmut Lang
←
Sybilla
COMME des GARÇONS
←
TSUMORI CHISATO
ZUCCA（ズッカ）
←
GASA（ガサ）
minä perhonen（ミナ・ペルホネン）
←
Homspun（ホームスパン）
JOURNAL STANDARD
SAINT JAMES
←
nitca（ニトカ）
united bamboo
Marimekko

三十年後……我想要成為這樣的時尚老奶奶！

想像圖1　色彩鮮豔的穿著

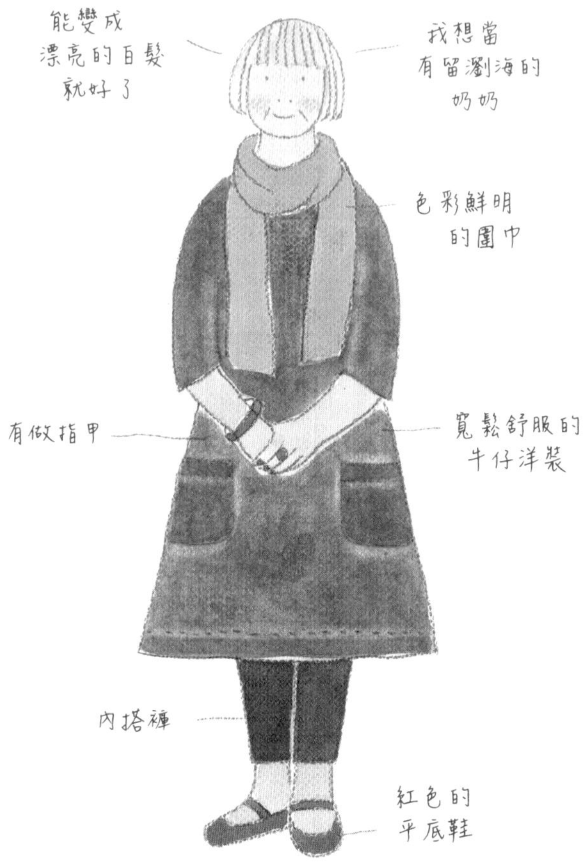

我嚮往的有魅力成熟女性的條件

其一　重視自己的生活方式與風格

其二　笑容可愛

其三　像少女一樣喜歡說話（偶爾聊起八卦時也很起勁）

其四　無論幾歲都有年輕的朋友

想像圖2　典雅的穿著

其五 姿態好

其六 熱中流行

其七 有行動力 腳步輕盈

其八 對凡事都感興趣

四十歲是決定往後「美麗」與否的關鍵時期

妳以為三十歲與四十歲沒什麼多大差別，那就大錯特錯了。只要年過四十歲，原本穿著的自然風格衣服突然變得不再適合了。如果穿大地色系的亞麻與棉質衣服，看起來有些寒酸；格紋的衣服太可愛，會顯得輕浮；有印花圖案的洋裝穿起來很容易像歐巴桑；頭髮綁一束在後面，看起來一臉倦容……。

或許四十歲是決定往後是否美麗的重要關鍵時期，歲月對每個人都很公平，大家都會變老，從三十五歲之後，身材當然會開始走樣，斑點、皺紋、鬆弛、頭髮變少等都越來越明顯。每天看著鏡子裡的自己也會感到無奈，但在緊張無奈之餘，老化的速度還是不斷加快！我才突然驚覺難不成四十歲是女人的分岔點？

我認為與其抵抗老化，不如不要輕易向老化屈服。舉個例來說，我正在煩惱著要換智慧型手機，還是繼續用原本舊式的手機時，我丈夫跟我說：「學習新事物也是很重要的不是嗎？」於是我聽了他的建議買了智慧型手機，結果才發現自己所不知道的新世界竟是如此寬廣。

我認為不要輕易向老化屈服，指的是不要覺得自己不需要新的東西，也不要因為自己不知道新的東西而自暴自棄這樣的情形。不斷進化的新世界與日漸老化的自己一定還是可以合得來的。

我想，進入四十歲的真正意思是開始確立自我的時期。我不認為自己什麼都知道、什麼都擁有了，無論幾歲都還是要保持真誠與謙虛，仍然期待往後將認識的人、看到的事物、聽見的事物，如此一來就會慢慢接近我所嚮往的具魅力的女性，不是嗎？

今後我的世界應該會越來越寬廣，我還會再認識其他人，新的打扮之門還會再打開的。

40歲
不要變成歐巴桑的10法則

穿著篇

一、因為變胖了，不要穿寬大的衣服。

二、穿衣時要記得露出脖子、手腕與腳踝。

三、因為全身都會下垂，要特別穿出「拉長」的效果。

四、作為有氣質的大人，不要露出過多的肌膚。

流行篇

五、雖然知道流行很重要，但不要太過追求流行。

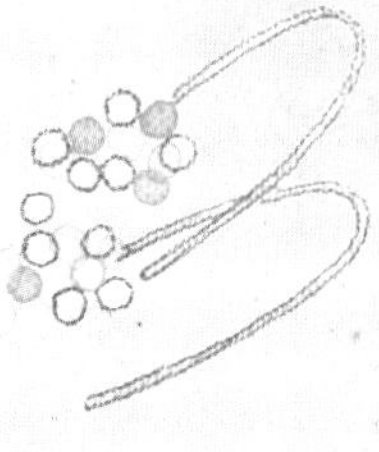

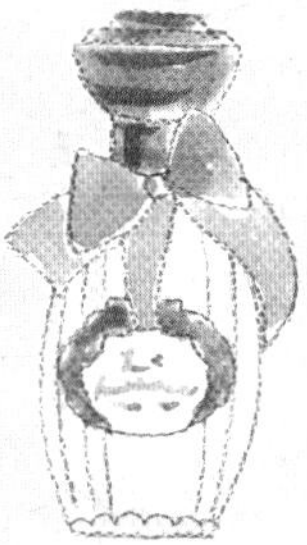

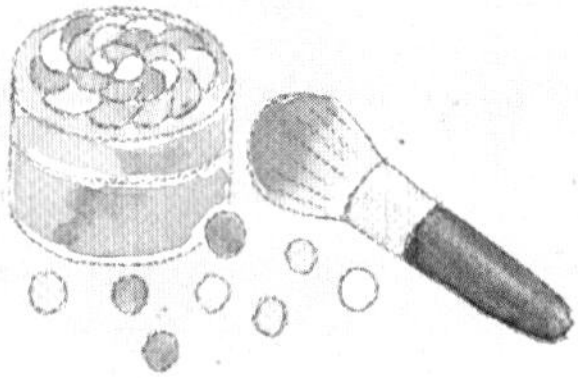

六、瀏海與化妝要跟隨流行，
不要維持年輕時的樣子。

七、若是穿給年輕人的便宜洋裝，
會變成慘不忍睹的歐巴桑。
LOGO圖案T恤等另當別論。

不老篇

八、即使只有一點也好，
粉底液、粉底、口紅不可少。

九、不要穿黑色的衣服，因為妳已經是雅致的大人了，
穿太雅致顏色的衣服反而會顯老。

十、要聽年輕人的意見。
年紀越大，越要坦率。

國家圖書館出版品預行編目（CIP）資料

就是喜歡有氣質的自己：堀川波的大人穿搭提案／
堀川波著；謝晴譯. -- 初版. -- 臺北市：遠流, 2015.06
面；　公分. --（綠蠹魚；YLF44）
ISBN 978-957-32-7636-4（平裝）
1. 女裝 2.衣飾 3.時尚

423.23　　　　　　　　　　　　104006363

40-SAI KARA NO "NIAU" GA MITSUKARU OTONA NO KIKONASHI LESSON
Copyright © 2013 by Nami Horikawa
Cove & Interior design by Yurie Ishida(ME & MIRACO)
Original Japanese edition published by PHP Institute, Inc.
Traditional Chinese translation copyrights © 2015 by Yuan-Liou Publishing Co., Ltd.
Traditional Chinese translation rights arranged with PHP Institute, Inc., Tokyo
in care of Tuttle-Mori Agency, Inc., Tokyo through Future View Technology Ltd., Taipei
All rights reserved

綠蠹魚 YLF44
就是喜歡有氣質的自己
堀川波的大人穿搭提案

作者：堀川 波
譯者：謝晴
副總編輯：林淑慎
主編：曾慧雪
執行編輯：廖怡茜
行銷企劃：葉玫玉、叢昌瑜
手寫字：殷于涵

發行人：王榮文
出版發行：遠流出版事業股份有限公司
地址：臺北市 100 南昌路二段 81 號 6 樓
郵撥：0189456-1
電話：02-2392-6899　傳真：02-2392-6658

著作權顧問：蕭雄淋律師
2015 年 6 月 1 日　初版一刷
2019 年 3 月 1 日　初版二刷
售價新台幣 280 元（缺頁或破損的書，請寄回更換）
有著作權・侵害必究　Printed in Taiwan
ISBN 978-957-32-7636-4　(日文版 ISBN 978-4-569-81056-0)
YL 遠流博識網 http://www.ylib.com　E-mail: ylib@ylib.com